國井良昌 著
Kunii Yoshimasa

ついでだなぁ！
「材料選択の
目利き力」で
設計力アップ

『機械材料の基礎知識』てんこ盛り

わかりやすく
やさしく
やくにたつ

はじめに
技術は料理に、技術者は料理人に例えるのがコツ

大工の棟梁
厳さん

なんだそりゃ～！

4年も6年も学生やってたらしいが**よぉ**……
3次元CADが「お絵かき帳」じゃねぇかい？
この**金食い虫**めが！……**あん**？

設計ってぇのは**よぉ**、
設計書の中で、まずは、**材料選択**から始めんのよぉ。

オイ！ 聞いてんのか？ 返事ぐれぇ**しろ**～～てぇんだ！

まさお君

厳さん、厳さん……
一体、どうしたんですか？
こんな長いお怒りは、**二度目**ですね？(注)
もう、怖くて返事もできません……

(注：一度目は、「ついてきなぁ！失われた『匠のワザ』で設計トラブルを撲滅する！」で怒った)

　再び、厳さんの爆弾投下から始まりました。困ったものです。
　さて、皆さんは材料の選択に悩んだことはありませんか？ 料理人は毎日、悩んでいるといいます。皆さんも料理人同様の職人ならば、「悩んだことはありませんか？」ではなく、毎日、悩んでいるはずです。

　もし、悩んでいないとしたら、その理由は、「あきらめ」です。

　ところで、料理本の食材情報はとても豊富で、万人が理解できるように丁寧に書かれています。「グルタミン酸」や「イノシン酸」の含有率についてウンチクを唱える「食材オタク」ではなく、その化学用語でさえ、あえて「うまみ成分」とやさしく置き換えて食材に関する実務情報に徹しています。
　この理由は、食品化学者ではなく、料理人という実務経験者の立場で書かれているからです。

したがって、料理人に「あきらめ」はなく、常に味の研究、常に材料選択に悩むことができるのです。同じ職人として、うらやましい限りです。

　一方、機械材料に関して、悩みを解決してくれる書籍やセミナーが存在していましたか？若き日の筆者は、材料関係の書籍を読み漁り、各所のセミナーに参画し、おかげさまで材料知識は豊富になりました。しかし、設計者としての実務では、ますます難題を抱えるばかりで、最適な材料選択ができない状態が続きました。

　現在の若手技術者は、職場の先輩に質問したいのですが、2007年問題をきっかけに配属換えやリストラでその先輩方が職場から消えました。
　そこで彼らは、Web上で無料の「技術Q&A（質疑応答）」サイトを利用します。まともな「Q&A」が数多く存在しますが、最大の欠点が回答者側にあります。

　それは、上から目線で「Q&A」が展開されていることです。

　質問者が回答者の知識を上回る追加質問をすると、「まぁ」という単語を使って逃げます。さらに追求すると「無視」という対応で返します。また、あるサイトでは、「最近、この種の低レベルな質問ばかりで閉口する」などとして、いきなりサイトを閉じる場合も少なくありません。すべては、回答者の機嫌次第で展開されているのです。

　そこで、若手技術者は無料ではない書籍を買い求め、またはセミナーに参画しますが、ここで準備された技術資料は、「JIS規格」、「金属組織の顕微鏡写真」、「金属組成の含有率表」など、いわゆる工業高校や大学で使った教科書の内容そのものです。
　これは、機械材料という学問においては極めて重要な知識ですが、設計者の立場からは少々疑問が残ります。
　なぜこのような書籍やセミナーが存在するかといえば、その理由は簡単です。機械材料の知識を「材料屋」から発信しているからです。これは、先ほどの料理に戻れば、「食材知識を食品化学者が発信する」に相当します。

　次の図を見てください。
　機械材料にも、食材同様に材料屋ではなく、設計者という実務経験者の立場からの情報発信が必要です。

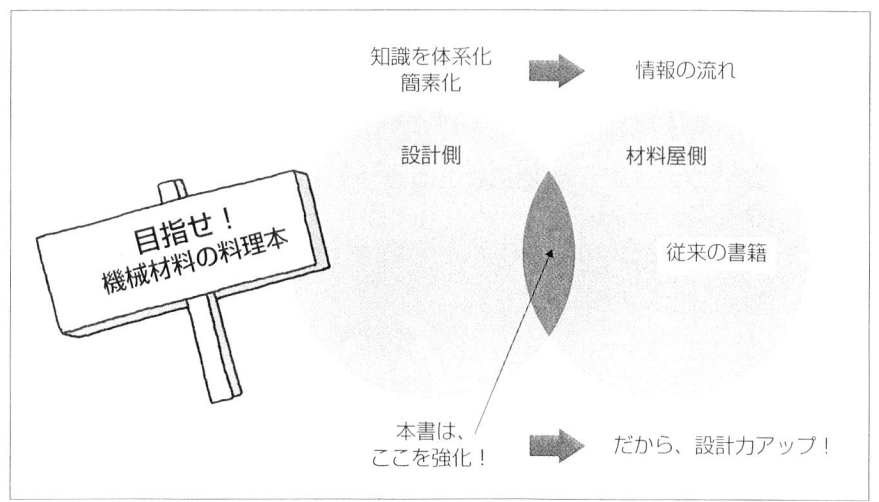

よって、技術者から「あきらめ」をなくし、常に技術の研究、常に「材料選択に悩むことができる」ことを本書はめざしました。

そこで本書は、以下に示すコンセプトと手段で悩みを解決します。

【コンセプト】
　設計とは、限定された材料で最高の設計を提供すること。

【手段】
　難しく、かつ、マニアックに教えるかつての機械材料の書籍ではなく、使用頻度の高い実用的な材料データだけを提供し、若手技術者へは実務優先の基礎知識を、中堅技術者へは材料の標準化による低コスト化設計を促す。

【目標】
　行列のできる寿司屋やラーメン屋同様、まずは、材料選択から勝負できる技術者を先導し、機械材料の親切な「お料理本」を目指す。

そして、前述したコンセプトと手段から設計の原点に戻り、QCDの向上を根本からご案内し、「職人」へと導きます。

2011年3月

　　　　　　　　　　　　　　　　　　　　　　　筆者：國井良昌

はじめに：技術は料理に、技術者は料理人に例えるのがコツ

第1章　設計力アップ！切削用材料はたったこれだけ ………………… 9
1-1．切削用材料のランキング ……………………………………… 10
1-1-1．切削用材料の部品点数ランキング ………………………… 10

1-1-2．切削用材料のランキング別材料特性 ……………………… 14
1-1-3．切削用材料と加工機 ………………………………………… 17
1-2．隣国企業における超低コスト化設計は材料の標準化 ………… 20
1-2-1．トータルコストデザインにはツールが必要 ……………… 21
1-2-2．5つの開発ツールが存在する ……………………………… 22
1-2-3．2つの新しい開発ツールが存在する ……………………… 23
1-2-4．EV車の超低コスト化設計 ………………………………… 25
1-2-5．驚愕する材料規格の種類の多さ …………………………… 29
1-2-6．目で見る材料標準化の低コスト効果 ……………………… 30
1-3．切削用合金鋼のランキング …………………………………… 39
1-3-1．切削用合金鋼の部品点数ランキング ……………………… 40
1-3-2．切削用合金鋼のランキング別材料特性 …………………… 41
1-3-3．Q&A：ステンレスの錆び（電食）で火災事故? ………… 42
1-4．切削用鋼材のランキング ……………………………………… 52
1-4-1．切削用鋼材の部品点数ランキング ………………………… 52
1-4-2．切削用鋼材のランキング別材料特性 ……………………… 53
1-4-3．Q&A：S45CとSC450の相違はなんですか? …………… 55
1-5．切削用アルミ合金のランキング ……………………………… 57
1-5-1．切削用アルミ合金の部品点数ランキング ………………… 57
1-5-2．切削用アルミ合金のランキング別材料特性 ……………… 59
1-5-3．簡単な材料力学：断面2次モーメントと断面係数 ……… 63

| | 1-5-4. Q&A：鋼材からアルミ材に変更するときの留意点は？ | 66 |

- 1-6. 切削用銅合金のランキング … 68
  - 1-6-1. 切削用銅合金の部品点数ランキング … 68
  - 1-6-2. 切削用銅合金のランキング別材料特性 … 69
  - 1-6-3. Q&A：銅合金はどんなところに使用されていますか？ … 70
- 1-7. 鋳造用アルミ合金のランキング … 71
  - 1-7-1. 鋳造用アルミ合金の部品点数ランキング … 72
  - 1-7-2. 鋳造用アルミ合金のランキング別材料特性 … 74
  - 1-7-3. Q&A：鋳造用アルミ合金の生産量ランキングは？ … 75
- 1-8. 鋳鉄のランキング … 77
  - 1-8-1. 鋳鉄の部品点数ランキング … 77
  - 1-8-2. 鋳鉄のランキング別材料特性 … 78
  - 1-8-3. トラックタイヤ脱輪事故にみる材料選定の考察 … 79
- 1-9. クロムモリブデン鋼のランキング … 83
  - 1-9-1. クロムモリブデン鋼の部品点数ランキング … 84
  - 1-9-2. クロムモリブデン鋼のランキング別材料特性 … 85
  - 1-9-3. Q&A：エンジンのどこに使われているのですか？ … 86
  〈目利き力・チェックポイント〉

第2章　設計力アップ！板金材料はたったこれだけ … 91

- 2-1. 板金材料のランキング … 92
  - 2-1-1. 板金材料の部品点数ランキング … 92

  - 2-1-2. 板金材料のランキング別材料特性 … 99
  - 2-1-3. 板金加工機 … 101
- 2-2. ステンレス板金のランキング … 105
  - 2-2-1. ステンレス板金の部品点数ランキング … 105
  - 2-2-2. ステンレス板金のランキング別材料特性 … 107
  - 2-2-3. Q&A：ボルタの電池は悪魔の電池（電食の恐怖） … 108

2-3. 鋼板のランキング ……………………………………………… 116
　　　　2-3-1. 鋼板の部品点数ランキング ……………………………… 117
　　　　2-3-2. 鋼板のランキング別材料特性 …………………………… 118
　　　　2-3-3. Q&A：SPCCの熱伝導率が存在しない? ……………… 119
　　　　2-3-4. Q&A：エレベータの材質事件について教えてください … 121
　　2-4. 厚板鋼板のランキング ………………………………………… 127
　　　　2-4-1. 厚板鋼板の部品点数ランキング ………………………… 127
　　　　2-4-2. 厚板鋼板のランキング別材料特性 ……………………… 128
　　　　2-4-3. Q&A：SPCCとSS400の違いはなんですか? ………… 128
　　2-5. アルミ板金のランキング ……………………………………… 131
　　　　2-5-1. アルミ板金の部品点数ランキング ……………………… 131
　　　　2-5-2. アルミ板金のランキング別材料特性 …………………… 132
　　　　2-5-3. Q&A：鋼材とアルミ材の締め付けトルクって違うの? … 133
　　2-6. 銅板金のランキング …………………………………………… 140
　　　　2-6-1. 銅板金の部品点数ランキング …………………………… 140
　　　　2-6-2. 銅板金のランキング別材料特性 ………………………… 141
　　　　2-6-3. Q&A：金属貨幣の材料について ………………………… 143
　　2-7. ばね用板金のランキング ……………………………………… 145
　　　　2-7-1. ばね用板金の部品点数ランキング ……………………… 148
　　　　2-7-2. ばね用板金のランキング別材料特性 …………………… 149
　　　　2-7-3. Q&A：板ばねって折れやすいですか? ………………… 151
　　　　〈目利き力・チェックポイント〉

第3章　設計力アップ！樹脂材料はたったこれだけ …………… 157
　　3-1. 樹脂材料のランキング ………………………………………… 158

　　　　3-1-1. 樹脂材料の部品点数ランキング ………………………… 159
　　　　3-1-2. 樹脂材料のランキング別材料特性 ……………………… 160
　　　　3-1-3. 樹脂加工は射出成形だけ理解すればよい ……………… 165

3-2. ガソリン自動車とEV車の部品点数分析 …………………… 168
3-3. 樹脂設計は最難関レベル ……………………………………… 172
 3-3-1. 変身度最大の樹脂加工 …………………………………… 172
 3-3-2. 樹脂トラブルのランキング ……………………………… 174
 3-3-3. 樹脂トラブルのランキング別の解説 …………………… 174
3-4. 樹脂材料の最適な選択法 ……………………………………… 179
 〈目利き力・チェックポイント〉

第4章　設計力アップ！「目利き力」の知識たち …………… 185
4-1.「目利き力」とは ……………………………………………… 186
 4-1-1. 料理人の「目利き力」…………………………………… 186
 4-1-2. 材料特性の温度依存性に関する注意 …………………… 189
4-2. 基本として必要な比重の知識 ………………………………… 190
4-3. 目利きに必要な縦弾性係数 …………………………………… 191
4-4. 目利きに必要な横弾性係数 …………………………………… 195
4-5. 目利きに必要な線膨張係数 …………………………………… 197
4-6. CAEには欠かせない悩み多きポアソン比 …………………… 197
4-7. 目利きに必要な熱伝導率 ……………………………………… 201
4-8. 比電気抵抗とIACS（一部の板金のみ）……………………… 203
4-9. 規格外はルール違反！材料の標準サイズを知る …………… 207
4-10. 目利きに必要な引張り強さ ………………………………… 210
 4-10-1. 軟鋼の引張り強さ ……………………………………… 211
 4-10-2. 軟鋼以外の引張り強さ ………………………………… 212
4-11. 降伏点/疲れ強さ/0.2%耐力/ばね限界値 ………………… 213
 4-11-1. 降伏点 …………………………………………………… 213
 4-11-2. 疲れ強さ ………………………………………………… 215
 4-11-3. 0.2%耐力 ……………………………………………… 216
 4-11-4. ばね限界値 ……………………………………………… 218
 4-11-5. 安全率の落とし穴 ……………………………………… 218
4-12. 模範となる特徴/用途の例 …………………………………… 221
4-13. 材料費を算出できなければ職人にはなれない …………… 222
4-14. 入手性を知らない無責任技術者 …………………………… 224
 〈目利き力・チェックポイント〉

おわりに：「設計とは、限られた材料で最高の設計を提供すること」
書籍サポートのお知らせ

設計力アップ！
切削用材料はたったこれだけ

- 1-1 切削用材料のランキング
- 1-2 隣国企業における超低コスト化設計は材料の標準化
- 1-3 切削用合金鋼のランキング
- 1-4 切削用鋼材のランキング
- 1-5 切削用アルミ合金のランキング
- 1-6 切削用銅合金のランキング
- 1-7 鋳造用アルミ合金のランキング
- 1-8 鋳鉄のランキング
- 1-9 クロムモリブデン鋼のランキング

　　〈目利き力・チェックポイント〉

いやー、さっきはすまんかったなぁ。つい、取り乱しちまった**ぜい**。これから、**オイラ**と一緒に自己研鑽！

厳さん！機嫌が直りましたね。

僕も、材料を見極める「目利き力」を養います。

【注意】
第1章に記載される全ての事例は、本書のコンセプトである「若手技術者の育成」のための「フィクション」として理解してください。

第1章 設計力アップ！切削用材料はたったこれだけ

1-1 切削用材料のランキング

1-1-1. 切削用材料の部品点数ランキング

それでは、いきなり図表1-1-1を見てみましょう。

この図表は、当事務所のクライアントである日本企業、韓国企業、中国企業から得た「切削用材料」に関する「部品点数」の情報です。クライアントとは、EV車やソーラーパネルを含む電気・電子機器関連産業が主な業種です。

筆者は、設計コンサルタントとして各企業の図面を拝見しますが、頂戴することは決してありません。機密漏洩防止を最大のセールスポイントにしているからです。

でぇじょうぶだぁ！
しんぺぇすんじゃねぇ。
学者じゃあるめぇし……

しゅっちゅう使う汎用材料っていうのがあんのよ。
心配すんなってぇ！

ドッ……
どうしよう？
すべての材料を知らないとダメですか？

そこで、前記のクライアントに無理を言って、図面に記載される「材料」をインプットしてもらいました。それが、図表1-1-1の分析結果です。

なんと、材料に関する書籍やセミナーや機械雑誌で登場する約48種以上の切削用材料のうち、たった13種類で全体の81.7％も占めているのです。次に、ステンレス部品の多いことに驚愕しました。急速に一般化した稀にみる金属材料と言われています。

まずは、なんでも知っている「材料オタク」ではなく、
・誰でも知っている材料
・皆が使っている材料

その材料の特性を熟知する「目利き力」を持った「職人」となりましょう。

なんでも知っている「材料オタク」ではなく、汎用材料の目利き力を養うことが「設計力アップ」となる。

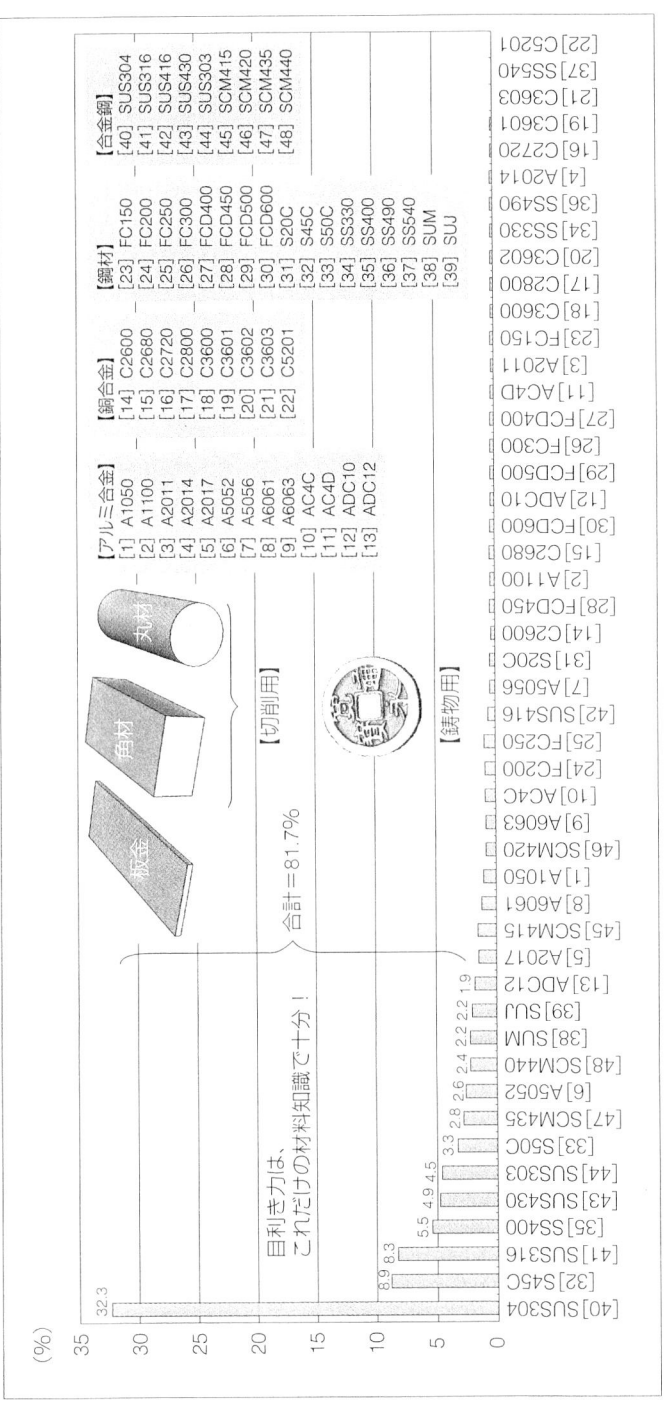

図表 1-1-1　EV車を含む電気・電子機器における切削用材料の部品点数ランキング

第1章　設計力アップ！切削用材料はたったこれだけ

 EV車を含む電気・電子機器の企業では、13種類の材料だけで、全部品の81.7％を占める。

　なるほど！工業国として急進しているあの国が、図表1-1-1の第1位であるステンレス生産にこだわっている理由が手に取るように理解できました。

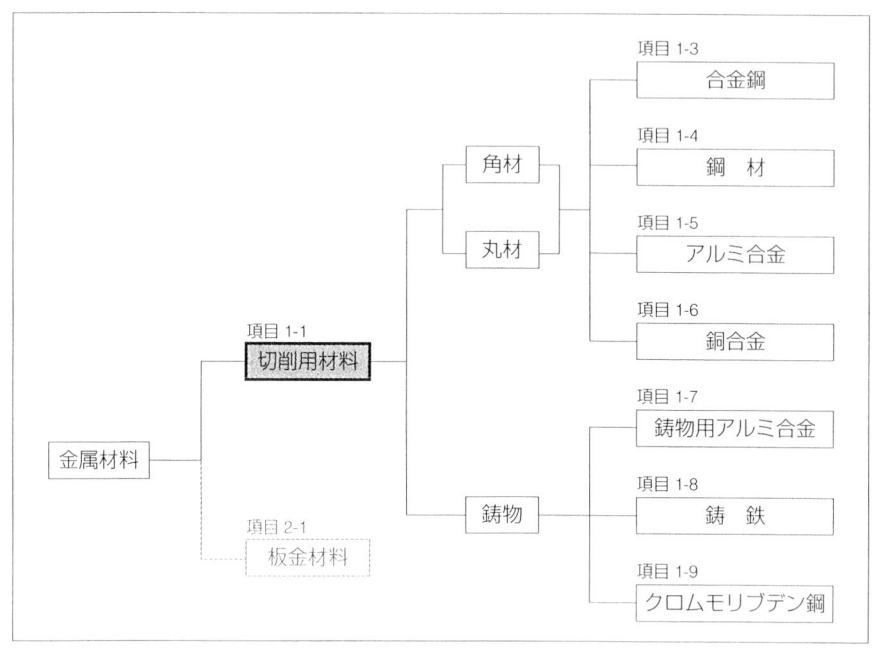

図表1-1-2　切削用材料の分類と定義

　ところで、「切削用材料」とは、**図表1-1-2**に示す範疇です。
　図中の「角材」や「丸材（または丸棒）」は、企業内では「生材（なまざい）」と呼ばれます。生材は、部品形状のすべてを機械加工で切削する場合に用いられますが、大量生産部品でも試作時はこれに適用します。

　一方、精度を必要としない箇所や形状がラフな箇所は、「型」を作成します。これを型起工（かたきこう）と呼びます。このときの材料が、「鋳物」用の各種材料です。高精度を必要とし、形状が複雑な箇所は、生材同様、機械加工で切削します。
　なお、機械加工に関しては、項目1-1-3で詳しく説明します。

材料に関する書籍やセミナーでは、JISを基本に、ありとあらゆる材料を取り上げます。それを受講する若手の技術者は、もう圧倒されてしまいます。しかも、あまりの数に結局、どれを選んでよいのか、ますます困惑の境地に陥ることになります。若き日の筆者がそうでした。
　いわゆる、学問としての知識は豊富になっても、実務としては役に立たない状況が長年に渡って続いたのです。

　もう一度、図表1-1-1を見てください。繰り返しますが、48種類以上もある材料から、たった13種類の材料に絞るだけで実務の81.7％として役立つと確信します。
　もっと極端に言えば、EV車を含む電気・電子機器の場合、「SUS304」に熟知すれば、全部品の32.3％が設計できると言えます。皆さんの会社がこれに合致するか否かではなく、同じ要領で分析することが重要です。

　そして、ある種の材料がどうしても必要なら、ピザのトッピングのように追加すればよいのです。ただし、「追加」の「追加」では再び元に戻ってしまうので、企業では材料の「標準化」が盛んに行われています。

 **EV車を含む電気・電子機器の企業では、「SUS304」の材料だけで、全部品の32.3％を占める。**

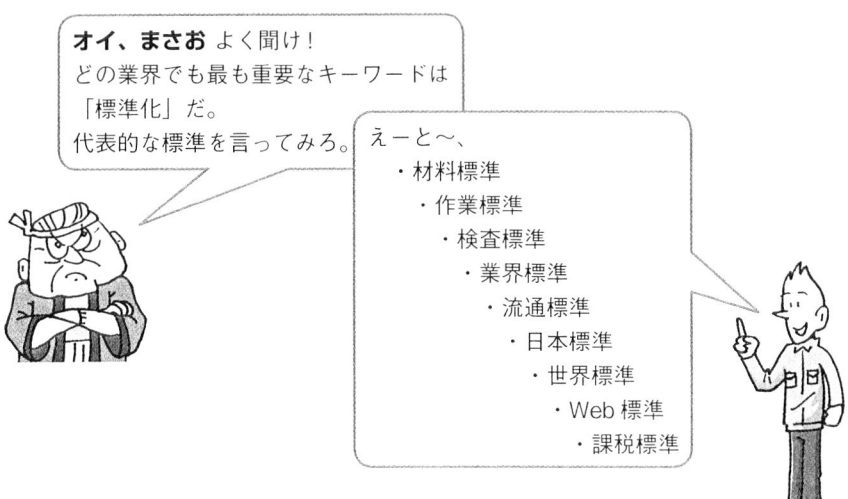

第1章 設計力アップ！切削用材料はたったこれだけ　13

1-1-2. 切削用材料のランキング別材料特性

　図表1-1-3と図表1-1-4と図表1-1-5は、図表1-1-1のランキングに従った材料の特性表です。設計する際に必要な情報を厳選し、あまり使用しない情報はあえて記載していません。

　また、図表欄の「コスト係数」をはじめ、各用語は第4章で解説します。

SUS＊＊＊の場合
【目安】比重:7.9　縦弾性係数:193kN/mm²、横弾性係数:75kN/mm²
　　　　線膨張係数:右表　ポアソン比:0.30　熱伝導率:16W/(m・K)

線膨張係数：×10⁻⁶/℃	
SUS304	17.3
SUS316	16.0
SUS430	10.4

S＊＊C、SS＊＊＊、SUM、SUJの場合
【目安】比重:7.9　縦弾性係数:200kN/mm²、横弾性係数:81kN/mm²
　　　　線膨張係数:12×10⁻⁶/℃　ポアソン比:0.30　熱伝導率:45W/(m・K)

SCM＊＊＊の場合
【目安】比重:7.9　縦弾性係数:206kN/mm²、横弾性係数:82kN/mm²
　　　　線膨張係数:11×10⁻⁶/℃　ポアソン比:0.30　熱伝導率:46W/(m・K)

A5052の場合
【目安】比重:2.7　縦弾性係数:70kN/mm²、横弾性係数:25kN/mm²
　　　　線膨張係数:24×10⁻⁶/℃　ポアソン比:0.33　熱伝導率:135W/(m・K)

ADC12の場合
【目安】比重:2.7　縦弾性係数:74kN/mm²、横弾性係数:25kN/mm²
　　　　線膨張係数:22×10⁻⁶/℃　ポアソン比:0.28　熱伝導率:96W/(m・K)

No	記号	サイズ (mm) 【目安】	引張強さ (N/mm²) 【目安】	降伏点 (N/mm²) 【目安】	Q 特徴/用途 （切削用と板金が混在）	C コスト係数	D 入手性
[40]	SUS 304	【厚さ】 6-120 【丸鋼径】 5.5-60	520	210	【特徴】耐食性、非磁性、冷間加工の硬化で微磁性発生（磁化あり）、光沢あり、加工性良好、18-8ステンレス（旧称） 【用途】フェンス、バルコニー、時計部品、キッチン（厨房部品）	3.38	良好
[32]	S45C	【厚さ】 3.2-160 【丸鋼径】 4-290	570	345	【特徴】熱処理を施して使用される炭素鋼、強度と粘り強さ 【用途】ボルト、ナット、ピン、ヤスリ、機構部品、スライド用シャフト、回転シャフト、ホイールハブ、平行キー、クランク軸、座金	0.82	良好

図表1-1-3　ランキング上位における材料の特性表（その1）
（注意：すべての値は参考値です。各企業においては確認が必要です。）

No	記号	サイズ (mm)【目安】	引張強さ (N/mm²)【目安】	降伏点 (N/mm²)【目安】	Q 特徴/用途（切削用と板金が混在）	C コスト係数	D 入手性
[41]	SUS 316	【厚さ】6-110【丸鋼径】5.5-60	520	210	【特徴】SUS304よりも耐食性向上、耐塩水、耐薬品、耐酸性、高強度、磁化少ない 【用途】医療器具の部品、バルブ、ダイヤフラム、ベローズ、時計ベルト、腕時計裏蓋、体温計	4.40	良好
[35]	SS 400	【厚さ】3.2-160【丸鋼径】4-230	450	235	【特徴】SS材と呼ばれる、快削性、溶接加工性良好、靭性（じんせい、材質の粘り強さ）、熱処理しないで使用 【用途】ビルや橋などの建設材料、鉄塔、ボルト、ナット、ピン、スタッド、フランジ、レバー、ギア	0.82	良好
[43]	SUS 430	【厚さ】6-60【丸鋼径】5.5-60	420	210	【特徴】加工性良好、耐食性はSUS304に劣る 【用途】厨房機器、家電部品、室外で錆びる、室内用部品	2.25	良好
[34]	SUS 303	【厚さ】6-120【丸鋼径】5.5-60	520	210	【特徴】快削性（快削ステンレス）、SUS304にS(硫黄)を添加して快削性と耐焼き付き防止性を向上、自動旋盤用、耐食性はSUS304に劣る。 【用途】ギア、シャフト、ボルト、ナット	3.69	良好
[33]	S50C	【厚さ】3.2-160【丸鋼径】4-100	570	345	【特徴】S45Cと同じ 【用途】S45Cと同じ	0.82	良好
[47]	SCM 435	【厚さ】3-38【丸鋼径】16-300	930	785	【特徴】クロムモリブデン鋼と呼ばれる、高温環境でも強度低下しない、加工性良好、焼入れ性、溶接性、仕上り面良好、安価 【用途】シャフト、エンジン部品、ギア、金型、ピン、アーム類、自転車のフレーム	0.98	良好

図表1-1-4 ランキング上位における材料の特性表（その2）
（注意：すべての値は参考値です。各企業においては確認が必要です。）

第1章 設計力アップ！切削用材料はたったこれだけ

No	記号	Q				C	D
		サイズ (mm)【目安】	引張強さ (N/mm²)【目安】	降伏点 (N/mm²)【目安】	特徴/用途 (切削用と板金が混在)	コスト係数	入手性
[6]	A 5052	【厚さ】0.4-100【丸材径】3-200	255	疲れ強さ(N/mm²)120	【特徴】耐海水性、耐食性、加工性良好、中強度【用途】船舶内装、ドア、フェンス、カメラ部品、自動車のホイール、車両	3.65	良好
[48]	SCM 440	【厚さ】3-38【丸鋼径】16-300	980	835	【特徴】同上【用途】クランク軸受、ナックルアーム、高強度部品	0.98	良好
[38]	SUM	【厚さ】3.2-160【丸鋼径】4-100	440	235	【特徴】快削性、溶接加工性難、量産性、自動旋盤による量産性【用途】時計やカメラの精密部品、自動車部品、切削ねじ、複写機やプリンタのシャフト、家電品のシャフト、パソコン周辺機器のシャフト(HDD,CD-RW、DVD機器)	0.82	良好
[39]	SUJ	【厚さ】3.2-160【丸鋼径】4-100	480	205	【特徴】SUJ 1~5の 5種類が存在するが、一般的にSUJとは、「SUJ 2」を意味する。快削性、焼入れ性、耐久性、耐摩耗性、丸材豊富【用途】軸受、ロール、ケージ、自動車用部品、ワッシャ、スライド用シャフト	1.46	良好
[13]	ADC 12	—	300	疲れ強さ(N/mm²)140	【特徴】鋳造性、耐圧性、ダイキャスト用【用途】ガソリンエンジンのコンロッド、ミシンの部品、ギアハウジング、圧力計ケース、バタフライバルブのハウジング	1.58	良好

図表 1-1-5　ランキング上位における材料の特性表（その3）
（注意：すべての値は参考値です。各企業においては確認が必要です。）

　この後、図表1-1-2の分類に沿って、各種の材料を解説していきます。その前に、加工機に関して少しだけ学習しておきましょう。

1-1-3. 切削用材料と加工機

切削用材料とは、図表1-1-2による分類の他に以下の表現があります。
- 図表1-1-6に示す研削（研磨）
- 図表1-1-7に示すフライス加工
- 図表1-1-8に示す旋盤加工

などの加工機で切削する金属材料をいいます。

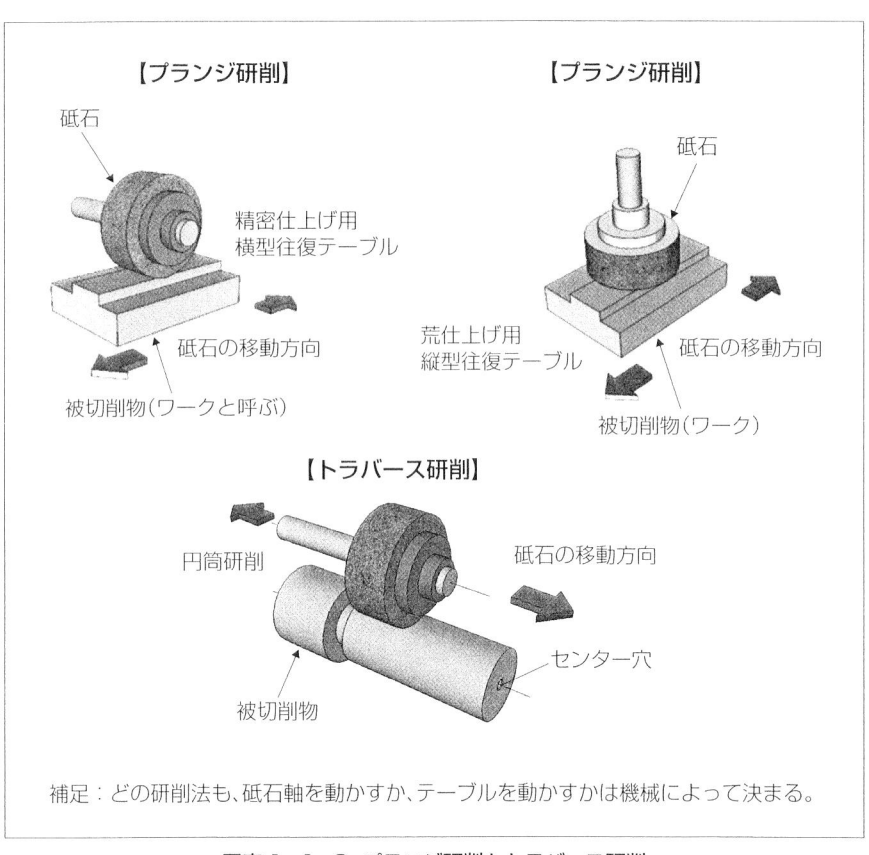

図表1-1-6 プランジ研削とトラバース研削

前述で「フライス」と呼ぶ加工機、そこで使われる「エンドミル」という刃物があり、同様に、「旋盤」と「バイト」があります。

それらを簡単に説明しておきましょう。

図表1-1-7は、代表的な「フライス加工機」です。図中のテーブルにワークと呼ぶ被切削物が固定され、エンドミルによって切削されます。

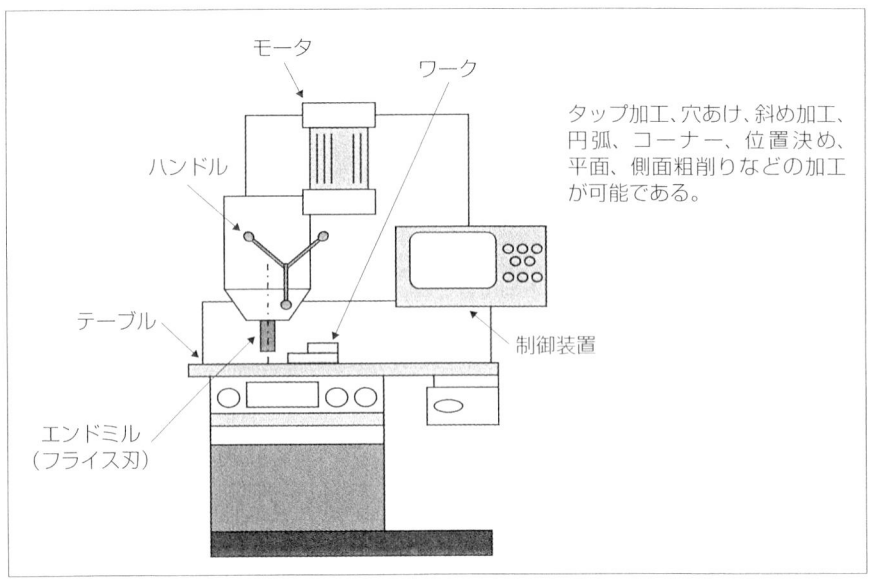

図表1-1-7　フライス加工機の概念図

　次に、図表1-1-8は、代表的な「旋盤加工機」です。単純には「旋盤」といいます。図中のチャックにワークと呼ぶ加工物が取り付けられ、ワークが回転し、固定された「バイト」と呼ぶ刃物によって切削されます。

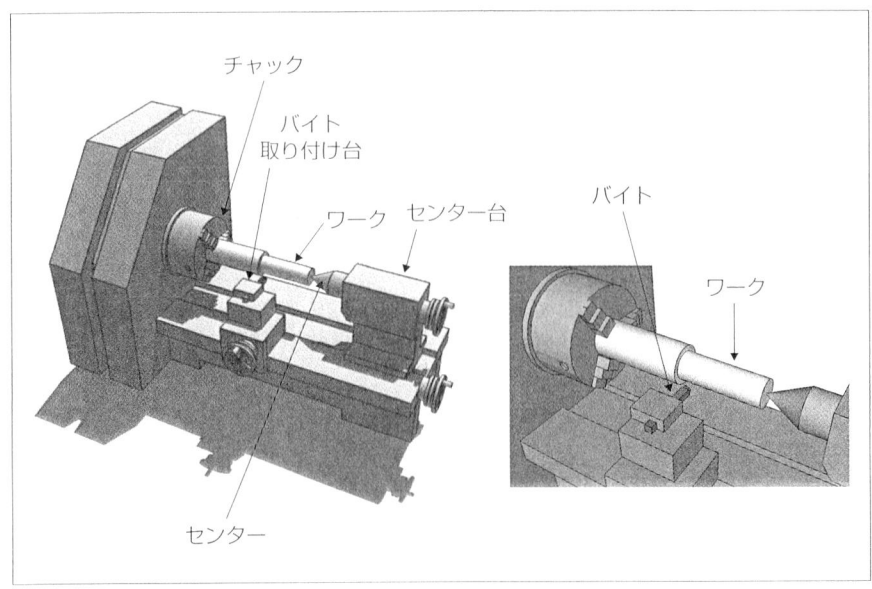

図表1-1-8　旋盤加工機（旋盤）の概念図

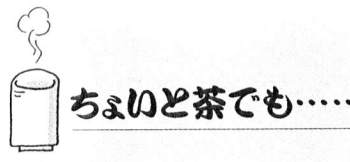

マシニングセンター

切削加工法は研削、フライス加工、旋盤と説明してきました。ここでは、「マシニングセンター」と呼ぶ加工機について解説します。

1979 年を境とした「第 2 次石油ショック」前には 1500 万円 / 台の NC 旋盤の導入ブームが、そして、「第 2 次石油ショック」後には 2500 万円 / 台のマシニングセンターの導入ブームが、零細企業を中心に広がりました。

特に、このマシニングセンターは、「縦型マシニングセンター」と呼ばれ、零細企業でも金型関連に購入されたのです。

マシニングセンターの高性能化と段取り時間の短縮化が進むと「横型マシニングセンター」が登場しました。これを、大企業がこぞって導入し、零細企業への仕事を社内に取り組むなどの現象が生じました。

すると零細企業は、不況下でも一層の低コスト化や、オンリーワンを求めて高性能な「横型マシニングセンター」を購入したのです。

これが原因で返済ができずに潰れた企業も少なくありません。

さて、そのマシニングセンターですが、文字で説明すれば、「フライス」＋「旋盤」＋「ドリル」＋「コンピュータ制御」というロボットマシンが登場しているのです。図表 1-1-9 でも理解してみましょう。

加工に要する人の技は不要です。プログラミングさえできれば、誰でも加工ができます。また、企業独特のノウハウはプログラムに仕込むだけです。

このマシンの登場で、開発途上国が一気に工業国に変貌できる根本を造ったと言っても過言ではありません。

No.	比較項目	マシニングセンター	旋盤
1	加工法	フライス加工機と同様に、ワークは固定し、刃物が回転する。	ワークをチャックで固定し、ワークを回転させ、固定されたバイト（旋盤の刃物）を押し付けて切削する。
2	切削の制御軸	XYZ の三軸	XZ の二軸

図表 1-1-9　マシニングセンターと旋盤の相違

1-2　隣国企業における超低コスト化設計は材料の標準化

項目1-1では、いきなり48種の材料を13種に絞ることから始まりました。恐らく皆さんは、不安を抱いたことと思います。そこで本項は、材料の「標準化（=低コスト化）」でその不安を払拭したいと思います。

さて、筆者は設計コンサルタントとして生計を立てています。国内企業からのコンサルテーション依頼が減れば、隣国へ出稼ぎに行かなくてはなりません。そして、あの有名な隣国の企業2社で、「超低コスト化手法」のセミナーとコンサルテーションを実施してきました。

図表1-2-1を見てください。
これは、日本の電気・電子機器、つまり、家電品やOA機器を構成する板金、樹脂、切削に関するコストと部品点数の分析です。優れた機械系技術者になるためには、切削加工の知識も重要ですが、優先順位からすれば板金加工や樹脂加工に精通した方が「近道」と読み取れるデータでもあります。

因みに自動車は、内燃機関のエンジンを代表に切削部品の占める割合が大きいのですが、筆者は隣国にてEV車開発を指導しており、下図と同等となることを確認しています。自動車（EV車）が家電品になりました。EV車の詳しい材料分析は、第3章（樹脂材料）でも解説します。

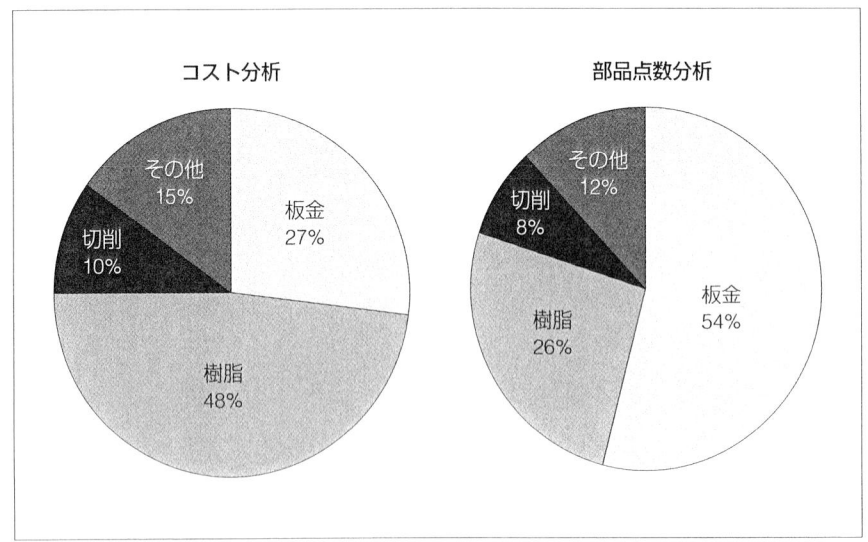

図表1-2-1　EV車を含む電気・電子機器における機械系部品のコスト分布と部品点数分布
（出典：ついてきなぁ！加工部品設計で3次元CADのプロになる！：日刊工業新聞社刊）

1-2-1. トータルコストデザインにはツールが必要

　図表1-2-2は、トータルコストデザイン（商標登録）の概念図です。
　この図表は、筆者の書籍に毎回登場する重要な資料です。詳しい説明は、図表1-2-2の下部に記載する「出典」の書籍を参考にしてください。

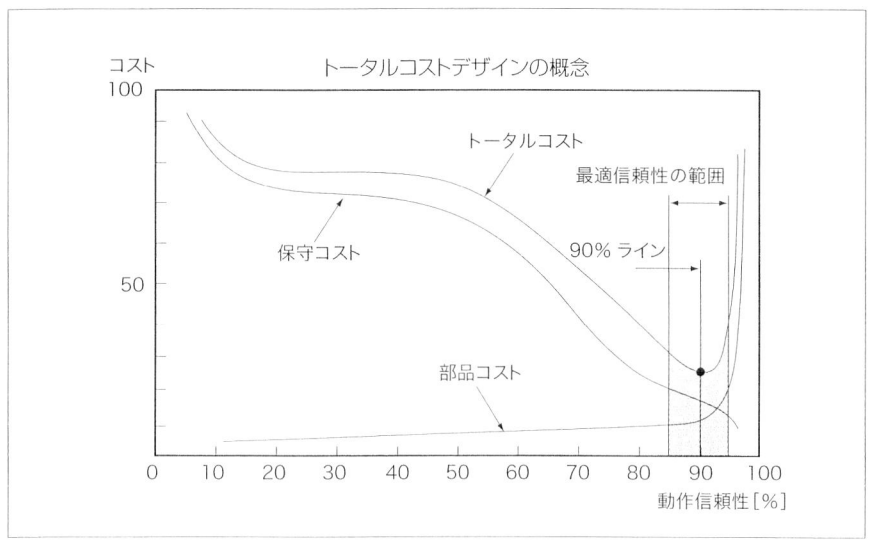

図表1-2-2　機器の信頼性とコストとの関係
（出典：ついてきなぁ！加工知識と設計見積り力で『即戦力』：日刊工業新聞社刊）
（出典：ついてきなぁ！『設計書ワザ』で勝負する技術者となれ！：日刊工業新聞社刊）

　さて、この図表からのメッセージは、「最適化設計とは、信頼性とコストの相反する設計品質の90％ラインの近傍で設計すること」です。言葉では理解できても、果たして、この概念だけで容易に設計できるでしょうか？
　設計者が、何をもって最適設計がなされているかを説明でき、その開発ツールはこれだと、当前のように提示できるならば、以降は無駄な解説となります。

　最適設計をめざすには、設計の道具（ツール）が必要なのです。

　筆者は、設計者という職業をよく料理人に例えます。プロの料理人なら、一流の包丁、まな板、食器類などの「道具」を選択しています。厳さんのような大工も全く同じです。それでは、設計者はいかがでしょうか？

第1章　設計力アップ！切削用材料はたったこれだけ

ないと言うならば、焼いた肉を手でつかみ、歯で食いちぎる原始人や狼少年と同じです。彼らに、その肉を指して、「ステーキ」とは呼んでほしくないと思います。

 **低コスト化設計には、最適化設計を目指すための開発ツールが必要である。**

1-2-2. 5つの開発ツールが存在する

品質とコストの相反する設計品質の最適化設計には、以下に示す5つの開発ツールが世の中に存在しています。決して目新しいものではなく、どれもが実績のある有効なツールです。

① VE　　　　（Value Engineering、価値工学）
② QFD　　　（品質機能展開表）
③ 品質工学　（タグチメソッド）
④ TRIZ　　　（ロシアで開発された問題解決技法）
⑤ 標準化　　（材料や部品に関する標準化や共通化）

魚用、野菜用、刺身用などの日本料理に使用する和包丁のように、前述の5つのツールも**図表1-2-3**のような特徴があります。特徴とは、左から右へ流れる設計プロセスのどこで使うのか、その期待する効果の度合い（図中の大、中、小）を意味しています。

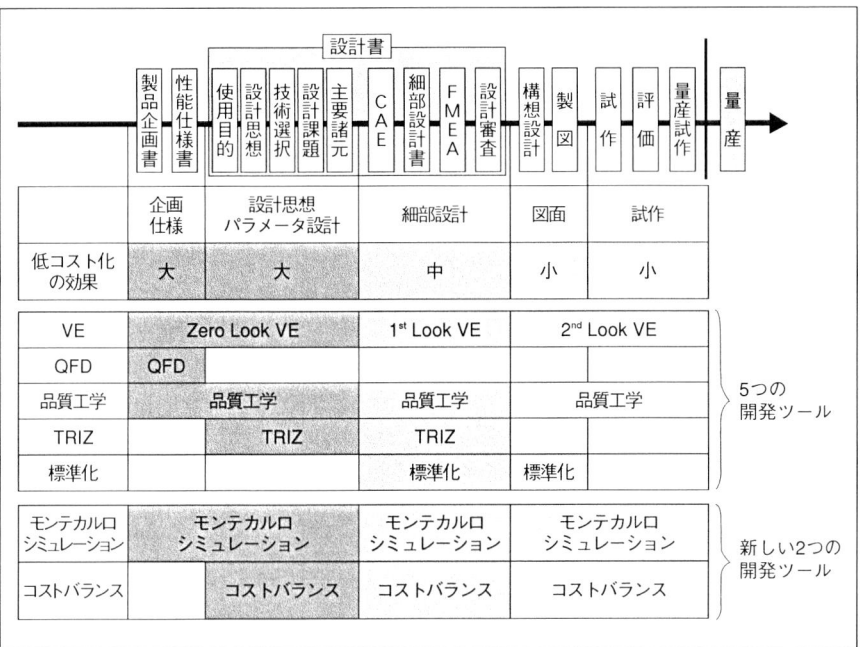

図表1-2-3 低コスト化活動のための各種開発ツール

　前述①から⑤のすべてのツールを導入することはありません。むしろ、それをしてはいけません。ただし、①と⑤、③と⑤、④と⑤という具合に、⑤の標準化は企業では当たり前の開発ツールであり、設計プロセスです。
　そして、本書で注力しているのは、前述⑤の「標準化」、特に、材料の標準化を目指しています。もう一度、「はじめに」に記載される手段を読んで下さい。

1-2-3. 2つの新しい開発ツールが存在する

　「5つの開発ツールが世の中に存在している」と前述しましたが、それは一般的な開発ツールであり、実績があります。さらに、コンピュータの進化と共に、図表1-2-3の下部に示す2つの新たなツールも盛んに使われるようになりました。

　この2つは、ただ単純に低コスト化を追求するのではなく、特に、最適設計をめざして開発スピードと容易性に大きく寄与しています。

①　モンテカルロシミュレーション
（コンピュータを駆使した図面不要のコスト見積り法）
②　コストバランス法（CB法）
（品質とコストをシステム的にバランスをとりながら設計する方法）

5つの開発ツールと新しい2つの開発ツールの詳しい解説をすると、本書のコンセプトから大きく逸脱してしまいます。近い将来、本書のシリーズで出版しますのでご期待ください。

ここまで多くのページを割いて、低コスト化を論じてきたのは、項目タイトルである「1-2. 隣国企業における超低コスト化設計は材料の標準化」を理解していただくためです。低コスト化手法の基本形は「標準化」です。さらにその中でも、「材料の標準化」が重要です。

ランチタイムサービスの定食やセットメニューなど、ボリュームがあり低価格である理由は、食材の標準化（＝食材の大量購入）で安く提供できるからです。

 低コスト化手法の基本形は、材料の「標準化」から実施すること。

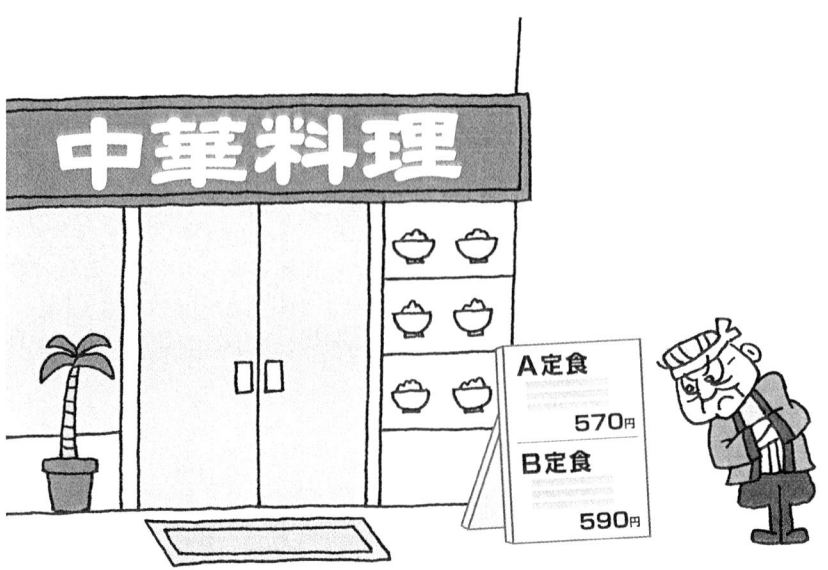

1-2-4. EV車の超低コスト化設計

筆者が隣国EV車に対して実施したメインのコンサルテーションは、「超低コスト化手法」です。ツールは、前述の「コストバランス法」を導入し、標準化を組み合わせました。

その中でも、開発の初期から注力したのが「材料の標準化」です。

図表1-2-4と図表1-2-5は、「アジア戦略EV車」のDQD（簡易設計書）です。

図表1-2-4 アジア戦略EV車の設計書（その1）
（出典：ついてきなぁ！設計トラブル潰しに『匠の道具』を使え！：日刊工業新聞社刊）

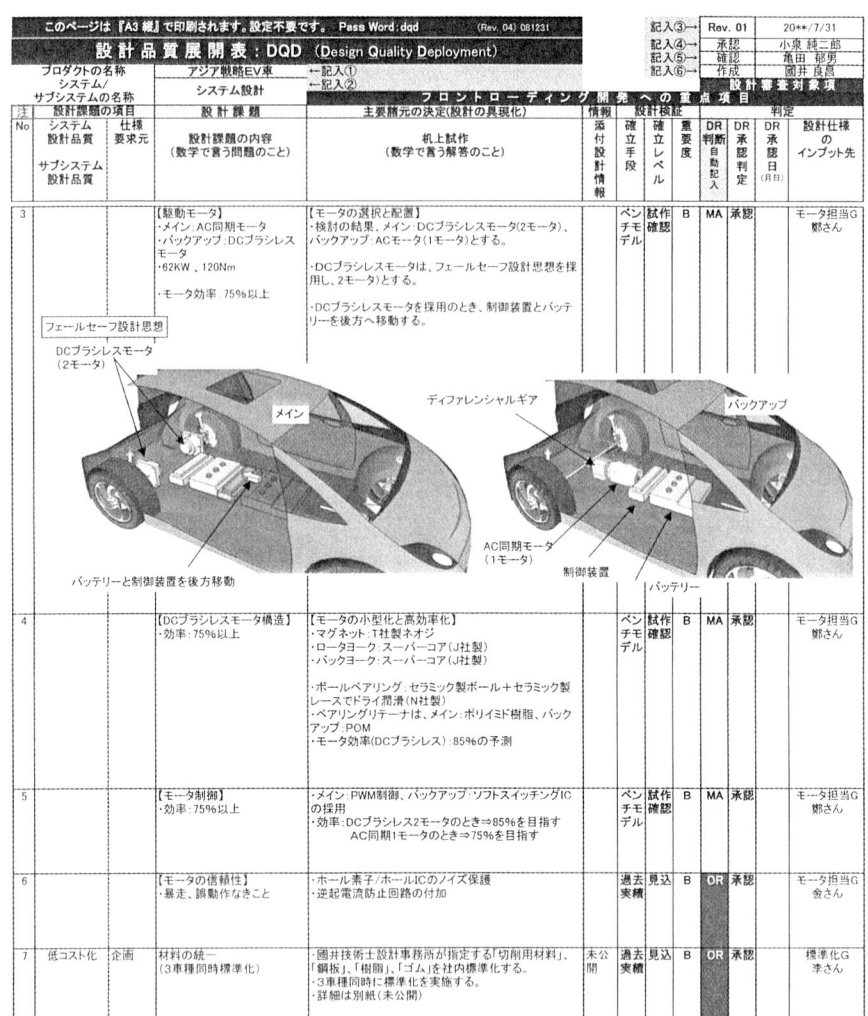

図表 1-2-5 アジア戦略 EV 車の設計書（その 2）

　特に「軽量化」は、後に示す「零式戦闘機」の設計思想を踏襲しました。そして、「材料の標準化」は、図表 1-2-5 の下部（No. 7）に記載されていますが、社内にタスクチームを発足して、強力に推進しました。

 ちょいと茶でも……

歴史は繰り返す

「最高速、高々度、短距離離陸、最高航続距離、重装備、そして、敵機に勝て！」と、日本人特有の「なんでもあり！」の企画で設計を命じられた零式戦闘機。

その設計者である三菱重工の堀越二郎氏がとった策は、「設計思想とその優先順位」、とりわけ、優先順位を設定したのです。

その優先第1位は、**図表1-2-6**でもわかる「徹底した軽量化」です。軽量化によってすべての相反する仕様に応えたのです。

防弾板がないばかりか、シートにも軽量化として多くの穴が開けられた。

図表1-2-6　軽量化で穴だらけの零戦のコックピット（筆者作成）

選択した材料は、**図表1-2-7**に示す住友金属の「超々ジュラルミン」でした。これによって、従来の機体の20％低減に成功したのです。

ちなみに近年は、カーボンファイバが注目されています。超々ジュラルミン以上の軽さと同時に強度を求める航空・宇宙産業からの要求です。カーボンファイバの比重は鉄の1/4、強度は5倍以上と言われており、航空機の主翼や尾翼をはじめ、胴体にも採用され始めています。

呼び名	JIS 呼び名	比重	引張り強さ [N/mm^2]
炭素鋼	S45C	7.85	570
SS 材	SS400	7.85	450
ステンレス	SUS304	7.85	520
ジュラルミン	A2017	2.79	435
超ジュラルミン	A2024	2.77	430
超々ジュラルミン	A7075	2.80	585
カーボンファイバ（参考）	省略	1.85	3500

図表 1-2-7　超々ジュラルミンと他の材料との特性比較

　身近なところでは、テニスラケットや釣竿にも採用されています。
　「歴史は繰り返す」……筆者が隣国の EV 車開発リーダーにアドバイスしたのは「零式戦闘機」の設計思想、つまり、軽量化です。
　新モータの開発でもなく、新バッテリの開発でもなく、最優先したのは、新素材による新ボディの開発でした。

　それが、図表 1-2-4 に示した「高張力鋼板＋カーボンファイバ」による材料のハイブリッド化と、それを成立させる「プレストレッシング構造」の技術でした。

1-2-5. 驚愕する材料規格の種類の多さ

　低コスト化手法の常套手段として、もっとも重要な「材料の標準化」は隣国EV車開発を事例に解説しました。

　これに関連して、図表1-2-8で各国の材料規格を比較してみましょう。

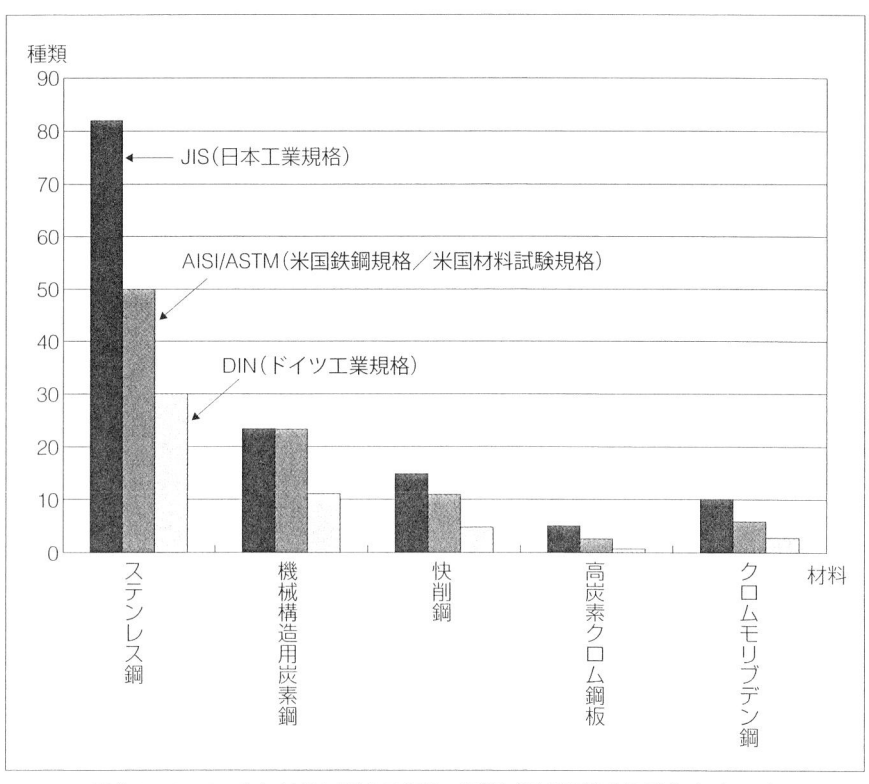

図表1-2-8　主な材料に関する規格の種類（國井技術士設計事務所調べ）

　JIS規格は、たった一人の観点から材料規格を決めているわけではなく、都度、委員会を開催して決定しています。したがって、図表1-2-8は、日本国の工業界にとって必要な材料を取捨選択したと思います。

　ただ、筆者による安易な考察からは、同じ工業先進国と比較すると「多すぎる」のでは思います。誤記訂正を含め、当事務所ではさらなる調査が必要と思います。各企業においても確認をお願いします。

1-2-6. 目で見る材料標準化の低コスト効果

　筆者が隣国EV車に対してコンサルテーションを実施してきたそのメインは「超低コスト化手法」でした。その中でも「材料の標準化」が活動の中心であった理由と実績を、文章ではなく目で確認してみましょう。量産効果の「見える化」です。

　それではまず、「量産効果」を理解します。
　量産効果とは、簡単に言えばスーパーマーケットなどで1つのリンゴを買うよりも、一袋5個入りのリンゴの方が単価は安くなるのと同じ考えです。前者のリンゴが150円、後者は5個で500円という場合です。

　次に、「ロット数」を理解します。
　ロット数とは、例えば1000個/月という具合に1ヶ月で1000個生産する場合や、部品会社に生産を依頼するときに、一度の注文で1000個生産という意味です。前述したリンゴの例に戻れば、ロットとは、「一袋5個入り」の「一袋」に相当します。

　最後に、**図表1-2-9**で登場する「材料取り」を説明します。
　例えば寿司屋に行きますと、冷蔵庫には、両手で持つ大きさのマグロのブロックが冷凍保存されています。
　冷蔵庫がない場合は、客の前にある冷凍用のガラスケースに入っている場合もあります。このブロックからマグロの刺身の一サクを切り出します。手のひらに乗る大きさです。この一サクが材料取り加工に相当します。

厳さん！
設計って、なんでも食べ物に置き換えると理解しやすいですね。

オイ、まさお！
よく気がついたじぇねぇかい。**あん？**
食いもんは万人の共通だから**なぁ**……。

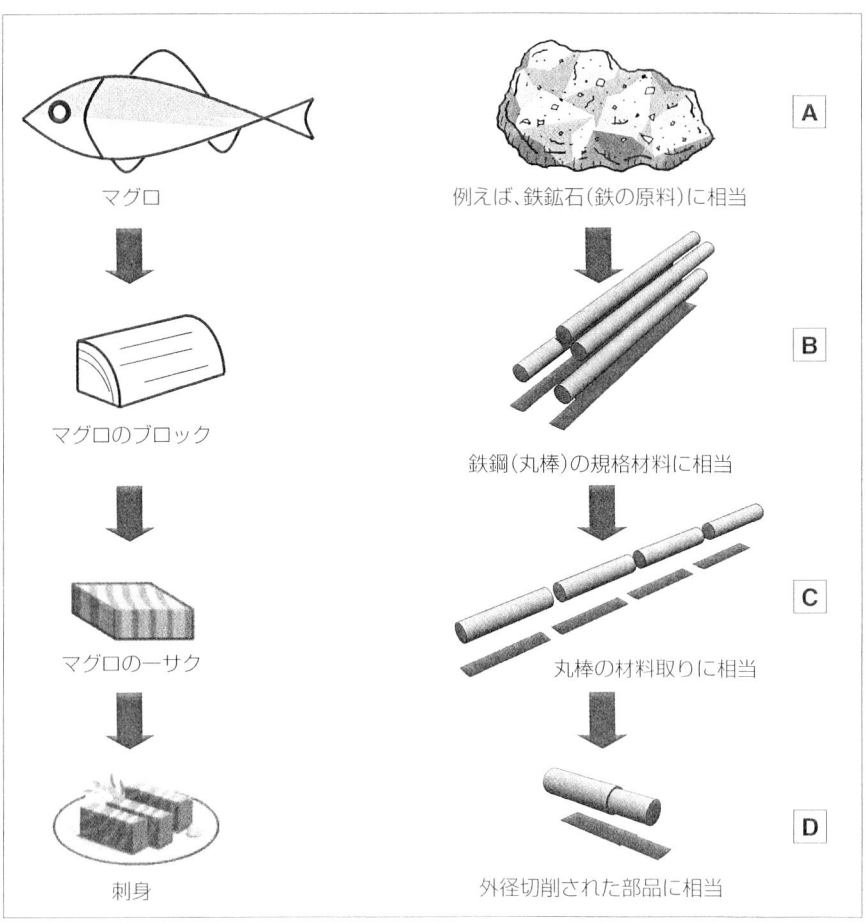

図表 1-2-9　マグロと鉄鋼材料の対比

　図表 1-2-9 における「A」は鉄鋼石です。鉄鋼メーカーにおける精錬を経て、「B」の丸棒の規格材料が製造され出荷されます。街を走っているトラックの荷台に赤い布を下げて運送されている場合をよく見かけます。
　「C」は、「B」の規格材料を、まるで「七五三の飴」のように切断します。これを「材料取り」といいます。
　「D」は、その材料取りから旋盤による外径切削をイメージしています。

　さて、次の図表 1-2-10 は、材料入手の次の工程である「C：材料取りの加工費」に関する量産効果を示します。基準数量は、ロット 1000 個です。

第 1 章　設計力アップ！切削用材料はたったこれだけ

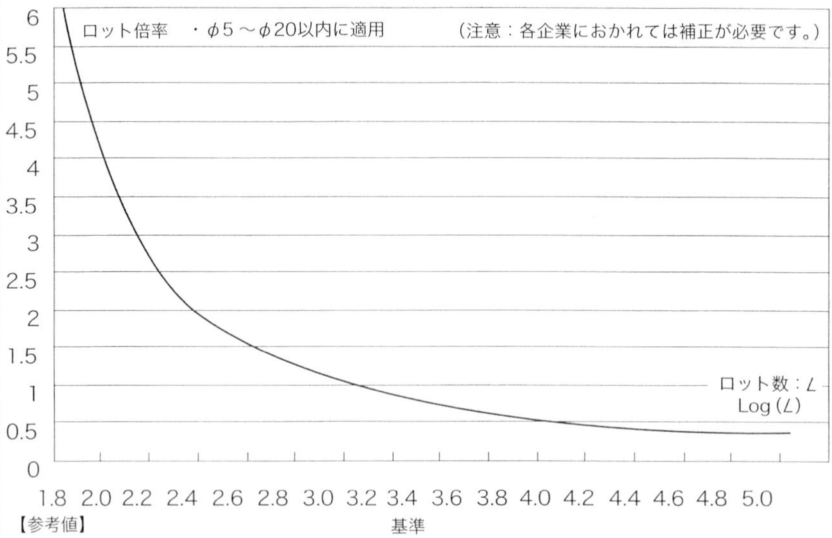

ロット数：L	100	300	500	1000	3000	5000	10000	30000	50000
Log(L)	2	2.48	2.70	3	3.5	3.7	4	4.5	4.7
ロット倍率(参考)	4.1	1.82	1.37	1	0.68	0.59	0.49	0.39	0.36

図表 1-2-10　材料取り加工の量産効果
（出典：ついてきなぁ！加工知識と設計見積り力で『即戦力』：日刊工業新聞社刊）

　例えば、ロット 50000 本の場合のロット倍率を求めると、Log 50000 = 4.7 であり、グラフより 0.36 と読めます。つまり、ロット 1000 の注文時は加工費を「1」とするとロット 50000 では、なんと！約 64 ％引の 0.36 の価格になります。

　逆に、ロット 100 本の場合のロット倍率を求めると、Log 100 = 2 であり、グラフより4.1と読めます。つまり、ロット 1000 の加工費を「1」とするので、ロット 100 では、なんと！4.1 倍の価格になってしまいます。

　恐ろしき、量産効果を目で確認できましたか？

量産効果の「見える化」である図表 1-2-10 に注目せよ！

旋盤で切削する部品会社では、鉄鋼メーカーから図表1-2-9に示した「B」の規格材料を購入します。次に、自社に都合のよい長さである「C」の材料取りを施し、いよいよ一般的な軸に加工するわけですが、その多くは外径を切削します。

先ほどの寿司屋で言えば、一サクのマグロから「シャリ」に乗せるひとつ一つのネタ（マグロの刺身）が外径加工に相当します。その量産効果を**図表1-2-11**に示しました。

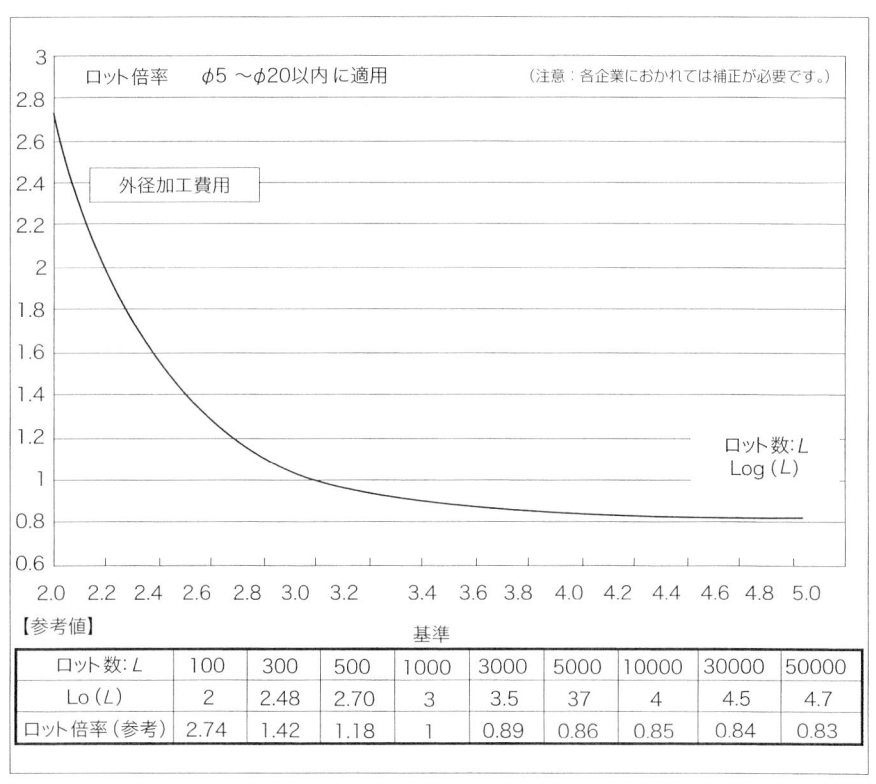

図表1-2-11　外径加工の量産効果
（出典：ついてきなぁ！加工知識と設計見積り力で『即戦力』：日刊工業新聞社刊）

図表1-2-10同様の量産効果を目で確認しましょう。
　ロット1000個の加工費を「1」とすると、ロット50000では、約17％引の0.83の価格となります。

逆に、ロット100のロット倍率を求めると、Log 100 ＝ 2であり、グラフより2.74と読めます。つまり、ロット1000の加工費を「1」とするので、ロット100では、なんと！2.7倍の価格になってしまいます。

ここで、筆者が隣国EV車に対して実施したコンサルテーションを以下にまとめました。図表1-2-9における「C」、「D」、「B」に関して、……

① 「C：材料取り」における量産効果を、部品の標準化で達成する。
② 「D：部品」における量産効果を、部品の標準化で達成する。
③ 「B：規格材料」を限定し、集中購買に徹する。

図表1-2-12は本書のコンセプトを達成した証と自負します。つまり、上記③の効果をグラフ化したものです。本書における注目すべきデータです。

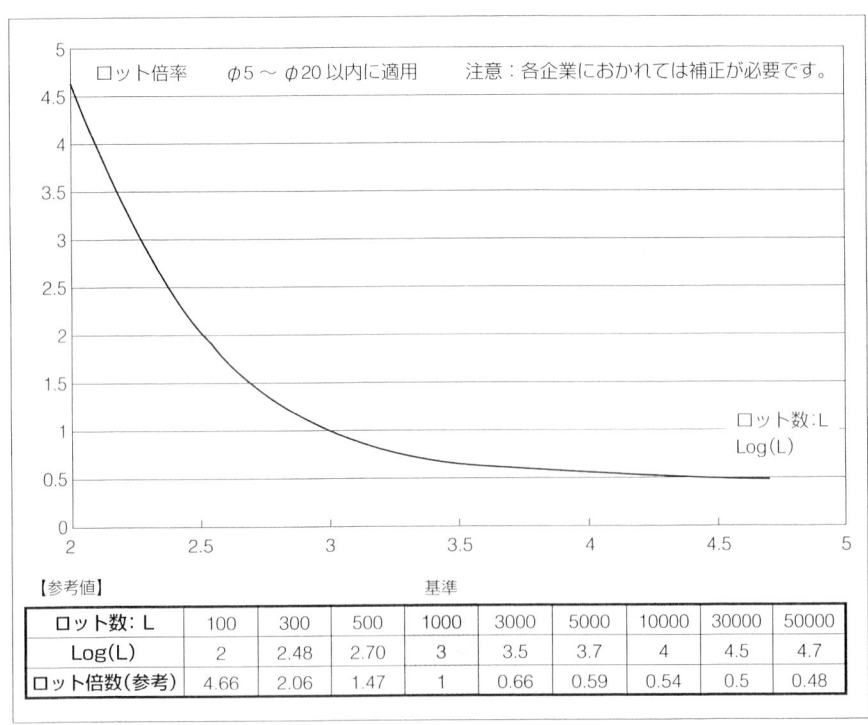

図表1-2-12　材料の標準化による量産効果（國井技術士設計事務所調べ）

本書に関連する③の効果は、2割から3割のコスト低減効果を得ることに成功しました。特に、輸送費と利管費[注]は、半減したとの報告を得ています。

注）利管費とは、材料費・加工費、倉庫における材料や商品の管理費などを示す。

なお、標準化はコストを半額にすることまで可能です。次の「ちょいと茶でも」でそれを証明しましょう。ご期待ください。

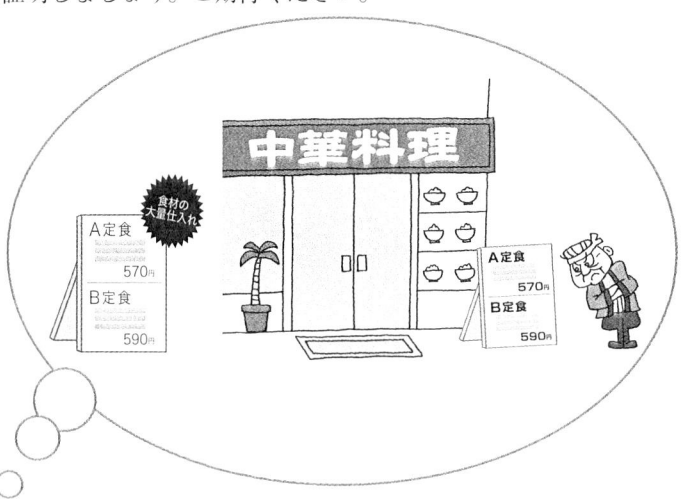

> 厳さん！厳さん！
> 図表1-2-12ってすごいですよ。
>
> これで飲食店における「ランチ定食」や社員食堂や牛丼が安い理由が理解できました。
> 答えは、**「食材の大量仕入れ」**ですね！

> **オイ、まさお！**
> よく気がついたじぇ**ねぇ**かい。**あん？**
>
> しかし、逆を考えてみろ！
> 数量が期待できないときは「地獄」を味わうことになる**ぜい**！

目利き力 量産効果は、生産数が激減すると「地獄」を味わうことになる。

ちょいと茶でも……

ドイツ車に腰を抜かした自動車会社の技術陣

20××年、日本を代表する大手自動車メーカー各社がこぞって、低コスト化活動に取り組んでいました。

例えば、
- T社：大衆車名「C」を皮切りに、コストの「現状否定活動」として徹底したVE（項目1-2-2を参照）と原価管理を自社および、関連会社に強いた。
- N社：VEの徹底化、部品の共通化とモジュール化（部品機能の共通化）
- Md社：モジュール化
- Mb社：モジュール化

このT社は、N社、Md社、Mb社のどこよりも低コスト化における部品の共通化やモジュール化が進んでいました。このことは、社会人でもない学生に質問してもキチンと回答が返ってくるほどです。

またこのT社ですが、ドイツの有名自動車会社のV社と環境リサイクルやITS（高度道路交通システム）の共同研究で提携していました。そこで、一歩進めて部品の共通化で検討会が開催されたのです。
そして、T社の技術陣はV社の部品共通化の実力に腰を抜かすことになります。

例えば、ドアの上部にある「アシストグリップ」ですが、

> （V社のアシストグリップの価格）
> ＝（T社のアシストグリップの価格）× 1/2

「乾いた雑巾を絞る」と、世間では噂されていたT社の低コスト化活動ですが、同業社であるV社のなんと！2倍の価格だったのです。

その原因は、

- T社におけるアシストグリップの種類：130種
- V社におけるアシストグリップの種類：　3種

図表1-2-13に示すアシストグリップが、V車ではたったの3種類に標準化されていたのです。

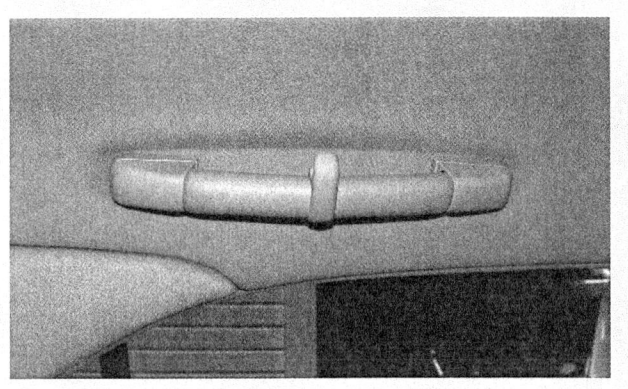

図表1-2-13　筆者が所有するT社製乗用車のアシストグリップ

後に、T社役員が以下のように嘆いたといいます。
「実は、概念としてわかってはいても、量の発想が決定的に欠落していた」と反省しています。

その通りだと思います。

したがって、図表1-2-10、図表1-2-11、図表1-2-12で量産効果の「見える化」を掲載しておきました。もう一度、確認しておきましょう。

そして、もうひとつの原因に気が付いていないようです。
それは、……

それは、国民性です。
　神様が仕込んだ、日本人とドイツ人のDNAが国民性として露呈してしまいました。

　世界の異端児である「なんでもあり!」の携帯電話や1台4役の事務用複合機、エアコン付きの洗濯機（えっ!冗談でしょ?）、和洋折衷が大好きな日本人は、実は、大昔から「標準化」がとても苦手な民族なのです。

　あまりよい話ではありませんが、第二次世界大戦で敗北した原因のひとつになっているほどです。

　そして、筆者は、部品の共通化、モジュール化の一歩源流にさかのぼった「材料の標準化」で隣国のEV車をリーディングしたつもりです。
　正直にいえば、ドイツ人にはかなわないので、源流である「材料の標準化」に着手したのです。

　しかし、繰り返しになりますが、その低コスト化効果は材料選定による「集中購買」により、2割から3割のコスト低減効果を得ることに成功しました。特に、輸送費と利管費は、半減したとの報告を得ています。

　本書は、分析された優先順位に従い、多くの材料から限られた材料を熟知することに重点を置いています。その反面、絞ることへの不安を抱くと思います。
　そこで本項は、多くのページを割いて、材料の「標準化（＝低コスト化）」を解説しました。これでその不安を払拭できたと思います。

　本書はこの先も、「材料の標準化」を織り交ぜて、「設計力アップ」のための「目利き力」を養っていきます。

　それでは早速、「目利き力」の養成に入っていきましょう。

1-3 切削用合金鋼のランキング

「合金鋼」と呼ぶ以下の金属材料があります。

・熱間工具鋼
・冷間工具鋼
・高速度工具鋼
・耐熱鋼
・高張力鋼
・マルテンサイト系ステンレス鋼
・珪素鋼
・クロム鋼
・クロムモリブデン鋼
・ニッケルクロム鋼
・ニッケルクロムモリブデン鋼
・マンガンモリブデン鋼

　これらの材料を規定する「ISO」や「関税協力理事会」などの機関が登場し、必ずと言ってよいくらい合金元素の化学成分や、その含有率が細かく記載されているのが従来の「機械材料」の書籍でした。筆者も所有し、重宝しています。

　一方、「技術者の主要3教科」とは、品質（Q：Quality）とコスト（C：Cost）と期日（D：Delivery）です。材料にもこれらの情報が求められるはずですが、前述の書籍に記載されている情報は「Q」のみです。技術者に必須の「C」の情報が皆無です。
　したがって本書は、EV車やソーラーパネルを含む電気・電子機器産業に特化したデータ分析により、

合金＝ステンレス鋼＋モリブデン鋼

に絞りました。
　情報が電気・電子機器に偏っているその反面、C（コスト情報）とD（材料の入手性）を盛り込んでいます。
　EV車を含む電気・電子機器の産業に属さない方は、ランキングが合致するか否かに注力するのではなく、本書の考え方、つまり、設計力アップのための「材料の絞り方」や、低コスト化のための「材料の標準化」を理解していただきたいと思います。

1-3-1. 切削用合金鋼の部品点数ランキング

項目1-1に掲載した図表1-1-1で、堂々の第1位は、「SUS304」でした。EV車を含む電子機器の企業なら、図面の32.3％が「SUS304」を材料としています。まずは、この材料を徹底的に理解しましょう。

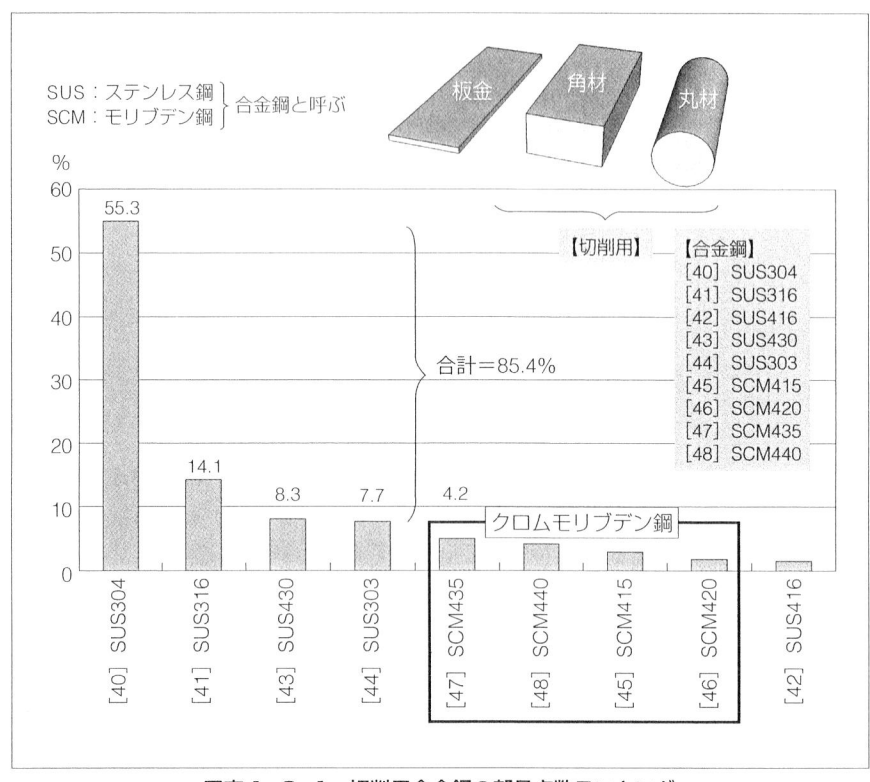

図表1-3-1　切削用合金鋼の部品点数ランキング
（注意：合金鋼であるSUSのステンレス鋼とSCMのモリブデン鋼を同時に掲載した）

次に、図表1-3-1を見てください。

切削用合金鋼（SUSと記載されるステンレス鋼とSCMと記載されるモリブデン鋼）の中でも、切削用ステンレス鋼である「SUS304」は、なんと55.3％を占めています。学校の教科書や機械材料の書籍では、SUS304と並んで必ずSUS430が出現しますが、SUS430の使用比率は、たったの8.3％です。

1-3-2. 切削用合金鋼のランキング別材料特性

　図表1-3-2は、ランキング順に並べた材料特性表です。特に、CAE（Computer Aided Engineering、コンピュータを用いた設計支援）解析に有効です。なお、前述した「モリブデン鋼」に関しては、項目1-9で解説します。

【目安】比重:7.9　縦弾性係数:193kN/mm²、横弾性係数:75kN/mm²
　　　　線膨張係数:右表　ポアソン比:0.30　熱伝導率:16W/(m·K)

線膨張係数	×10⁻⁶/℃
SUS304	17.3
SUS316	16.0
SUS430	10.4
SUS303	17.2

No	記号	サイズ (mm)【目安】	引張強さ (N/mm²)【目安】	降伏点 (N/mm²)【目安】	特徴/用途 (切削用と板金が混在)	コスト係数	入手性
[40]	SUS 304	【厚さ】6-120 【丸鋼径】5.5-60	520	210	【特徴】耐食性、非磁性、冷間加工の硬化で微磁性発生（磁化あり）、光沢あり、加工性良好、18-8ステンレス（旧称） 【用途】フェンス、バルコニー、時計部品、キッチン（厨房部品）、家電部品	3.38	良好
[41]	SUS 316	【厚さ】6-110 【丸鋼径】5.5-60	520	210	【特徴】SUS304よりも耐食性向上、耐塩水、耐薬品、耐酸性、高強度、磁化少ない 【用途】医療器具の部品、バルブ、ダイヤフラム、ベローズ、時計ベルト、腕時計裏蓋、体温計	4.40	良好
[43]	SUS 430	【厚さ】6-60 【丸鋼径】5.5-60	420	210	【特徴】加工性良好、耐食性はSUS304に劣る 【用途】厨房機器、家電部品、室外で錆びる、室内用部品	2.25	良好
[34]	SUS 303	【厚さ】6-120 【丸鋼径】5.5-60	520	210	【特徴】快削性（快削ステンレス）、SUS304にS（硫黄）を添加して快削性と耐焼き付き防止性を向上、自動旋盤用、耐食性はSUS304に劣る。 【用途】ギア、シャフト、ボルト、ナット	3.69	良好

図表1-3-2　切削用ステンレス鋼のランキング別材料特性表
（注意：すべての値は参考値です。各企業においては確認が必要です。）

SUS304は、「18－8ステンレス」と呼ぶ人がいますが、開発の現場では、今や死語です。「サン マル ヨン」と呼んでいます。
　一方、図表1-3-2で第1位の「SUS304」のコスト係数は「3.38」です。安価な「SUS430」のコスト係数は「2.25」であり、約1.5倍の差があります。低コスト化の観点からは、「SUS430」のランキングが上、つまり、選択されやすいと思われがちですが、大きく逆転しています。
　その理由は、以下の三つにあると推定されます。

① ニッケルめっきが環境問題で禁止になりつつあり、その代替えを耐食性に優れたSUS304が担っている。
② 図表に記載される通り、「SUS430」は耐食性に劣る。
③ SUS430の材料費は安くても、使用目的によっては、図表1-2-2に掲載されるトータルコストデザインに劣る場合がある。

　近年、急速に一般化した稀にみる金属材料と言われているのが、ステンレス材です。その需要の目的は、「耐食性」です。SUS304よりも、さらに耐食性に優れた、SUS316や「スーパーステンレス」と呼ばれるステンレス材の需要が伸びています。
　いずれにしても、上位4種の材料特性を把握すれば、「設計力アップ」としては十分であると思います。

1-3-3. Q&A：ステンレスの錆び（電食）で火災事故?

【質問】
　ステンレスって錆びるんですか？
　どこかの複写機で、「ステンレス板が錆びて火災事故が発生し、数百億円の損失を出した」と、○○というサイトに書き込みがありました。

　もし、そうだとしたら、詳しく教えてください。
　あっ！すいません。事件のことではなく、技術のことで教えてください。よろしくお願いします。（大学院・2年生）

【回答】

　小中学校で、「ステンレスは錆びない」と教わった方々も多いのではないでしょうか？ 小中学生は、これでもよいかと思いますが、技術者ならば、「すべてステンレスは錆びる」、そして「すべてのステンレスは磁石に付く」と理解してください。

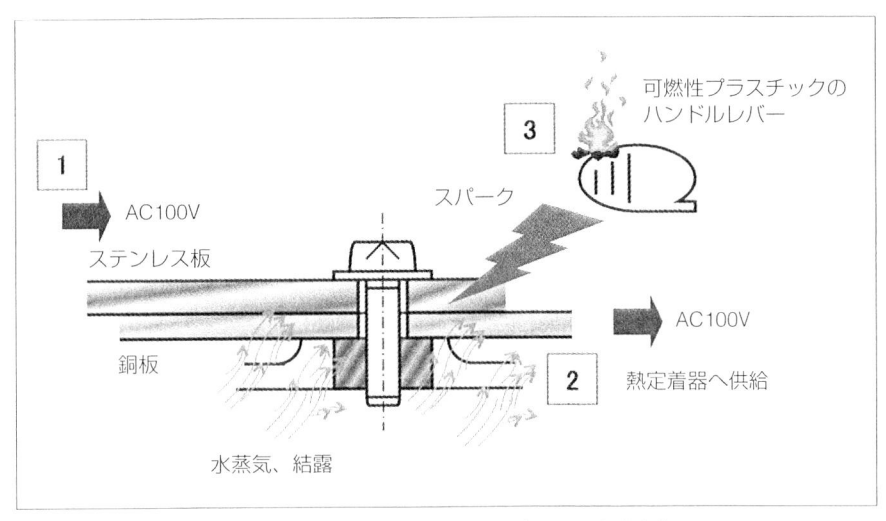

図表1-3-3　ステンレスの錆びによる火災事故

　本項は、「ちょいと茶でも」で記載する予定でしたが、当事務所スタッフの強い要望で、項目1-3-3として取り上げました。その理由は、近年、「ボルタの電池（または、腐食電池）」を形成する「電食」と呼ぶ腐食の現象で、破損や火災などのトラブルが続出しているためです。

　それでは、事例を見てみましょう。

　図表1-3-3は、複写機の「熱定着器」近傍における配電部です。「熱定着器」とは、皆さんがコピーされた用紙を複写機から取り出すとき、ほんのりと暖かいことに気が付いているかと思います。これは、黒い「トナー」と呼ばれる粉を熱と圧力を用紙に印加して「定着」させます。これを「熱定着器」と呼びます。

　熱定着器にはAC100Vの大電流が供給されるのですが、その大電流がスパークして火災事故となりました。その過程を以下に説明します。

第1章　設計力アップ！切削用材料はたったこれだけ

図表1-3-3において、

> ① 電源からステンレス板を通して、AC100Vを配電部まで供給。
> ② そのAC100Vを熱定着器へ供給するために、銅板へ導通させる。
> ③ そのために、ステンレス板と銅板をねじで共締めした。
> ④ 配電部周辺は、通常、水蒸気が発生し結露しやすい環境下であった。
> ⑤ 結露により、ステンレス板と銅板との間で「腐食電池」が形成。
>
> ⑥ その結果、ステンレス板が腐食。(電食という)
> ⑦ ステンレス板のAC100Vが銅板へ導通されず、スパークが飛んだ。
> ⑧ 近くにあった可燃性樹脂のハンドルレバーに引火。
> ⑨ 火災事故発生。
> ⑩ 社告・リコールを実施し、損失額は数百億円となった。

　注意：上記の事例は、本書のコンセプトである「若手技術者の育成」のための「フィクション」として理解してください。

　ここで、「ボルタの電池」を理解しましょう。
　「ボルタの電池」は、「腐食電池」とも呼ばれます。学問的、技術的には、後者の呼び名がお勧めです。

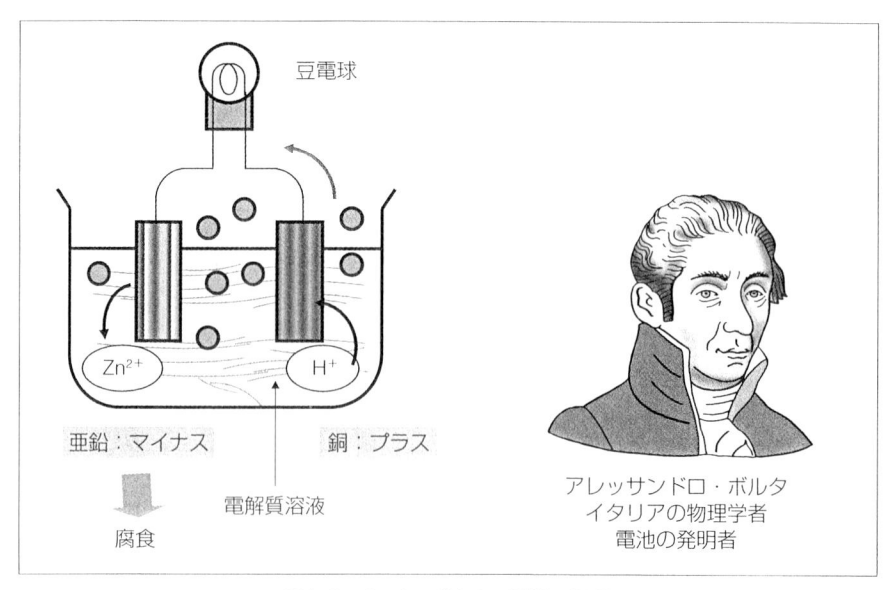

図表1-3-4　ボルタの電池の原理

さて、**図表1-3-4**を見て、筆者が中学校で学んだ「ボルタの電池」を復習してみましょう。

「ボルタの電池」のキーワードは「イオン」と「腐食」です。実験道具として、以下に示す物を用意しましょう。

① 電解質溶液：水道水に食塩を溶かす
② 電線
③ 豆電球、もしくは圧電素子の電子ブザー
④ 亜鉛板と銅板
⑤ ④の代わりにアルミ板と銅板（参考：1円玉はアルミ製、10円玉は銅製）

注意：紙幣や貨幣を加工使用することは、避けるべき行為です。「貨幣損傷等取締法」が存在しますので、注意してください。

上記①の電解質溶液の中に2種類の金属を入れて導線で結びます。例えば一方を亜鉛、もう一方を銅とすれば銅がプラス、亜鉛がマイナスの電極となり、銅から亜鉛の方へ電流が流れます。

電流とは「逆方向への電子の流れ」でもあります。つまり、亜鉛電極で電子が発生し、銅電極で電子が消費されます。

「**イオン**」と「**豆腐**」ってかぁ？
イオンっていえば**よう**、うちのかあちゃんがよく味噌や醤油を……

厳さん！
シッ、静かにした方がいいですよ。

亜鉛原子は金属の中に電子を残して、亜鉛イオンとなって電解質の中に溶け出します。亜鉛イオンは電解質の中の水素イオンと入れ替わり、水素イオンは銅の方へ動いていき、そこで電子と結合して水素ガスを発生させます。

　金属の腐食というのは、このような「電池」が構成される反応が起こり、その金属の表面がイオン化して溶け出すことです。このとき腐食するのは必ずマイナス極側の金属であり、もう一方の金属では腐食は起こりません。
　このような電池を「腐食電池」といい、前述の現象を「電食」といいます。これからわかるように、異なった種類の金属を組み合わせて使うのは慎重にしなければいけません。

目利き力　異なった種類の金属を組み合わせて使用する場合は、慎重に選択する。

　図表1-3-5は、当事務所のクライアントにおける「設計標準書」の記載事項です。(3社分の規定を合成しました。)

発行番号 020904	設 計 標 準 規 定	文書番号 20××-16-054
改定番号 220927	Active Design Office	No. ADO -101-21
関連文書 ADO –110	タイトル 　スポット溶接について	頁 55

5-4. 接合可能な金属

　類似した二つの金属を溶接する場合、良質なスポット溶接を得るためには、その溶接面の汚れを除去すること。

　また、二つの組成の異なる金属でも、特に注意を払えば十分溶接できる。しかし、電食効果による腐食を最小にするために、<u>イオン化傾向の互いに近い材料を選ぶこと</u>。

　　イオン化傾向が強い：K >Na >Ca >Mg >Al >Cr >Zn >Cd>
　　　　　　　　　　　Fe >Co>Ni >Sn >Pb >H >Cu >Hg >Ag >Au ：弱

図表1-3-5　二つの金属を重ねる場合の電食について

ここでまとめましょう。

> - ケース1：「異なった種類の金属を組み合わせて使うのは慎重に」と、多くの書籍やセミナーでこのような注意書きを目にする。
>
> - ケース2：二つの金属は、電食効果による腐食を最小にするために、イオン化傾向の互いに近い材料を選ぶ（図表1-3-5）。

これらアドバイスを受けて、「はい、わかりました！」と、すぐに答えるのが日本人技術者で、米国、韓国、中国人技術者たちは、これではすまされません。必ず、突っ込んだ質問をしてきます。

「先生！慎重とはどういう意味ですか？」、または、「具体例で説明していただけますか？」と。筆者としては、日本人技術者の方が楽ですが、もう、そのような曖昧な技術者教育はやめましょう。

では、どうするのかを解説します。

前述、「ケース2」のところで、「イオン化傾向」の単語がありますが、正式には、図表1-3-6に示すように「金属の標準電極電位表」と呼びます。金属ではありませんが、水素イオン（H_2^+）を0ボルト（V）とします。

前述した「亜鉛と銅」の組み合わせでは、絶対値の足し算で「1.11V」の電池が、また、「アルミと銅」の組み合わせでは、「1.69V」の腐食電池が形成できます。

同様に前述した解説によれば、腐食する金属は必ずマイナス側ですから、「亜鉛」、もしくは「アルミ」が腐食します。

ここまで理解できましたら、熱心な米国、韓国、中国人技術者たちの質問に回答します。もちろん、皆さんのためにも……。

では、次ページに進みましょう。

金属	イオン	標準電極電位 [V]
Li	Li^+	− 3.04
K	K^+	− 2.92
Na	Na^+	− 2.71
Be	Be^{++}	− 1.69
Mg	Mg^{++}	− 1.55
Al	Al^{+++}	− 1.34
Mn	Mn^{++}	− 1.19
Zn	Zn^{++}	− 0.76
Cr	Cr^{++}	− 0.56
Fe	Fe^{++}	− 0.45
Cd	Cd^{++}	− 0.40
Co	Co^{++}	− 0.28
Ni	Ni^{++}	− 0.25
Sn	Sn^{++}	− 0.14
Pb	Pb^{++}	− 0.13
H_2	H_2^+	0.00
Cu	Cu^{++}	0.35
Hg	Hg^{++}	0.79
Ag	Ag^+	0.80
Pd	Pd^{++}	0.82
Pt	Pt^{++++}	0.86
Au	Au^+	1.50

図表1-3-6　金属の標準電極電位表

図表 1-3-7　金属の電気化学的電位表（情報処理機器 UL1950 ただし、注釈は筆者による）

電気化学的ポテンシャル表 (Electrochemical Potential)

No.	項目	1 金、白金	2 炭素	3 ロジウム下地金のめっき鋼、金／銀合金	4 銀	5 ニッケルめっき鋼	6 オーステナイトステンレス	7 銅、銅合金	8 高クロムステンレス鋼	9 ニッケルクロムめっき鋼／錫めっき鋼	10 クロムめっき鋼	11 鉛	12 ジュラルミン	13 軟鉄	14 アルミ／マンガン合金	15 カドミウムめっき鋼	16 アルミニウム	17 亜鉛めっき鋼	18 亜鉛、亜鉛合金	19 マグネシウム合金
1	マグネシウム合金	1.75	1.7	1.65	1.6	1.45	1.4	1.35	1.25	1.15	1.1	1.05	1	0.9	0.85	0.8	0.7	0.55	0.5	0
2	亜鉛、亜鉛合金	1.25	1.2	1.15	1.1	0.95	0.9	0.85	0.75	0.65	0.6	0.55	0.5	0.4	0.35	0.3	0.2	0.05	0	
3	亜鉛めっき鋼	1.2	1.15	1.1	1.05	0.9	0.85	0.8	0.7	0.6	0.55	0.5	0.45	0.35	0.3	0.25	0.15	0		
4	アルミニウム	1.05	1	0.95	0.9	0.75	0.7	0.65	0.55	0.45	0.4	0.35	0.3	0.2	0.15	0.1	0			
5	カドミウムめっき鋼	0.95	0.9	0.85	0.8	0.65	0.6	0.55	0.45	0.35	0.3	0.25	0.2	0.1	0.05	0				
6	アルミ／マンガン合金	0.9	0.85	0.8	0.75	0.6	0.55	0.5	0.4	0.3	0.25	0.2	0.15	0.05	0					
7	軟鉄	0.85	0.8	0.75	0.7	0.55	0.5	0.45	0.35	0.25	0.2	0.15	0.1	0						
8	ジュラルミン	0.75	0.7	0.65	0.6	0.45	0.4	0.35	0.25	0.15	0.1	0.05	0							
9	鉛	0.7	0.65	0.6	0.55	0.4	0.35	0.3	0.2	0.1	0.05	0								
10	クロムめっき鋼	0.65	0.6	0.55	0.5	0.35	0.3	0.25	0.15	0.05	0									
11	ニッケルクロムめっき鋼／錫めっき鋼	0.6	0.55	0.5	0.45	0.3	0.25	0.2	0.1	0										
12	高クロムステンレス鋼	0.5	0.45	0.4	0.35	0.2	0.15	0.1	0											
13	銅、銅合金	0.4	0.35	0.3	0.25	0.1	0.05	0												
14	オーステナイトステンレス鋼	0.35	0.3	0.25	0.2	0.05	0													
15	ニッケルめっき鋼	0.3	0.25	0.2	0.15	0														
16	銀	0.15	0.1	0.05	0															
17	ロジウム下地金めっき鋼、金／銀合金	0.1	0.05	0																
18	炭素	0.05	0																	
19	金、白金	0																		

【実務ポイント】
① 0.35V を越える組み合わせは NG
② トラブルは、グレーの帯（白文字）の領域で発生

図表1-3-7は、「情報処理機器 UL1950」や「IEC60950（注）」に記載される「電気化学的電位表（電気化学的ポテンシャル表）」といいます。
(注：定格電圧が600V以下における情報処理機器の安全性に関する国際規格)

ここで実務知識の解説に入ります。
図表1-3-7におけるグレーの帯より上の範囲は、前述のIEC60950においては、「電食の組み合わせ」、つまり、好ましくない金属同士の組み合わせであると記述しています。しかし、この範囲の金属をよく見ると、Mg（マグネシウム）やPt（プラチナ）など、EV車を含む電子機器などの一般機械設計では、めったに選択する機会がない金属です。

現場の技術者がほしい実務情報とは、もっと具体的な「どの組み合わせで腐食事故があり、どの組み合わせならいいのか？」を知りたいのです。

では、具体的に解説します。
図表1-3-7のグレーの範囲で、電食トラブルが発生しています。つまり、数値でいえば、「0.35V以上」の範囲です。したがって、結露の多い環境や塩分などの電解質溶液に浸るところは回避した方が無難です。
また、グレーの帯より下の範囲は、発生電圧が小さいので気にしなくも大丈夫でしょう。ただし、前述したように塩水などの電解質溶液に浸るところや、かつ、火災や人命に係わる部位に適用する場合は、十分な確認実験が必要です。

なお、図表1-3-6と図表1-3-7の発生電位差が異なりますが、実務としては、図表1-3-7の国際規格を優先してください。

電食は、設計審査（デザインレビュー）における定型質問にしましょう。

> **目利き力** 異なった種類の金属を組み合わせて使用する場合は、「電気化学的電位」が0.35V未満であること。

> **目利き力** 電食は、設計審査（デザインレビュー）の定型質問にすること。

ちょいと茶でも……

共締めは機械設計の禁止手

「組み合わせる二種の金属と図表1-3-7だけでチェックする」

これでは、あまりにも単純なチェックです。技術者は「職人」です。このような簡単な作業の寿司屋や蕎麦屋が果たして存在するでしょうか？

たとえば、図表1-2-2のトータルコストデザインが理解できない設計者は、小手先の低コスト化で**図表1-3-8**に示す「共締め」をします。

設計には、「一部品一機能」という原則があり、「共締め」は昔から機械設計の「禁止手」となっています。

「一部品一機能」に関しては、書籍「ついてきなぁ！『設計書ワザ』で勝負する技術者となれ！」（日刊工業新聞社刊）もご覧ください。

さて、図表1-3-8は、悪しき共締めの例ですが、どうしても共締めが必要な場合は、部品の裏表で接する金属の電位を図表1-3-7で確認しましょう。

近年は、環境対策として、「クロムフリー」や「ニッケルめっきの一部使用禁止」など、材料特性が次々と変更になっていますので、最新情報の入手が肝要です。

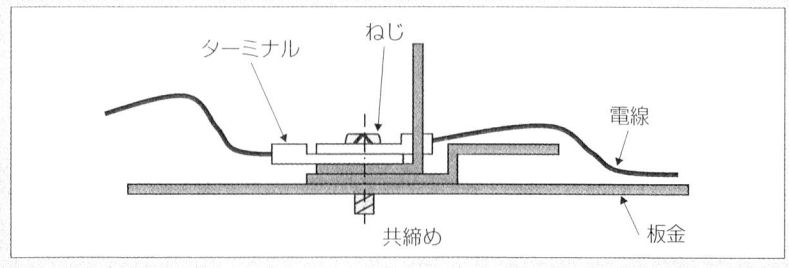

図表1-3-8　機械設計の禁止手である「共締め」の例

> 「共締め」は、機械設計の禁止手であり、「一部品一機能」が基本形である。

前述はSUS430の板金の事例として解説していますが、本項の「ステンレス鋼」でも同じです。ステンレス材は「加工硬化」の部分が非常に錆びやすいといわれています。特に、SUS304などのオーステナイト系ステンレスは、「加工硬化」が激しいので注意が必要です。

　「加工硬化」とは、切削、曲げ、せん断、溶接などの機械加工で、金属に応力を与えると塑性変形によって硬さが増す現象のことをいいます。そして、この部分から錆びを発生させ、また、磁化します（磁石につきます）。

　それでは、図表1-3-7の使い方をまとめましょう。

---

① 加工硬化を発生したステンレスは、その部分が錆びる。
② 二つの金属が重なる状態で、結露が発生する。
③ 二つの金属が重なる状態で、電解質溶液に浸る。
④ ①②③のとき、ステンレスは、図表1-3-7において「軟鉄」を選択する。
⑤ 結露しない、電解質溶液に無関係の場合は、図表1-3-7において「ステンレス」を選択できる。

　「共締め」の他、「めっきの恐怖」と「塗装の恐怖」があります。これは、ステンレス材とその相手となる材料の表面から「めっき」や「塗装」がはがれ、その母材とステンレスが重なることで電食を発生させる事例です。
　このような現象は、「インタラクションギャップ」に注力することで、未然に防止することができます。「インタラクションギャップ」に関しては、「ついてきなぁ！失われた『匠のワザ』で設計トラブルを撲滅する！」（日刊工業新聞社刊）をご覧ください。また、「めっきの恐怖」に関しては、第2章の項目2-2で解説します。

**目利き力　電食は、めっきはがれや塗装はがれの故障モードでも考慮せよ。
（インタラクションギャップを見逃すな！）**

　あえて、腐食電池に関しての解説はここで終了します。
　近年、腐食電池の中でも、特に、ステンレスの錆に関するトラブルが続出しています。したがって、ステンレスの錆に関しては、復習を兼ねて第2章の項目2-2でも解説します。

1-4 切削用鋼材のランキング

1-4-1. 切削用鋼材の部品点数ランキング

図表1-4-1で38.3％を占め、堂々の第1位は、「S45C」です。「エス ヨンゴーシー」と発音しますが、とても懐かしく思われる方もいるかと思います。

そうです！学校で習う機械材料で、一番に登場する金属材料かと思います。

さて、第1章の図表1-1-1を見てみましょう。

EV車を含む電子機器の企業なら、部品の約8.9％が「S45C」を材料としています。前項目の「SUS304」と合算すれば、「32.3＋8.9＝41.2％」で、なんと、全部品の41.2％が「SUS304」と「S45C」で占めていることになります。

皆さんの職場でこの数値が当てはまっているか否かを検証するのではなく、「設計力アップ」として習得すべき材料の「優先順位」や、材料の「標準化」のための情報として活用してください。

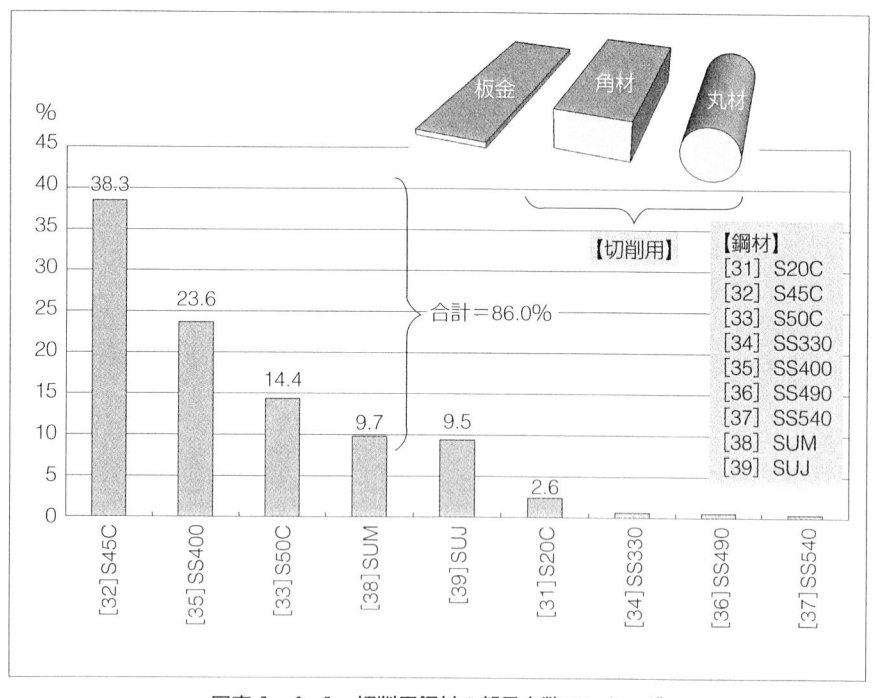

図表1-4-1 切削用鋼材の部品点数ランキング

1-4-2. 切削用鋼材のランキング別材料特性

図表1-4-2と図表1-4-3は、切削用鋼材をランキング順に並べた各材料の特性表です。

図表1-4-2の「S45C」と「SS400」を比較してみましょう。記載されている数値で、びっくりするほどの差異は見つかりません。しかし、「特徴／用途」の欄から異なる単語を探してください。もしよければ、マーカーペンでマーキングしましょう。それが、「設計力アップ」となります。

次に、「S45C」と「S50C」を比較してみましょう。数値データしかありませんが、「S45C」の一本に絞ってもよさそうです。

【目安】比重:7.9 縦弾性係数:200kN/mm^2、横弾性係数:81kN/mm^2 線膨張係数:12×10^{-6}/℃
ポアソン比:0.30 熱伝導率:45W/(m・K)

No	記号	サイズ (mm)【目安】	引張強さ (N/mm^2)【目安】	降伏点 (N/mm^2)【目安】	Q 特徴/用途	C コスト係数	D 入手性
[32]	S45C	【厚さ】3.2-160【丸鋼径】4-290	570	345	【特徴】熱処理を施して使用される炭素鋼、強度と粘り強さ 【用途】ボルト、ナット、ピン、ヤスリ、機構部品、スライド用シャフト、回転シャフト、ホイールハブ、平行キー、クランク軸、座金	0.82	良好
[35]	SS400	【厚さ】3.2-160【丸鋼径】4-230	450	235	【特徴】SS材と呼ばれる、快削性、溶接加工性良好、靭性（じんせい、材質の粘り強さ）、熱処理しないで使用 【用途】ビルや橋などの建設材料、鉄塔、ボルト、ナット、ピン、スタッド、フランジ、レバー、ギア	0.82	良好
[33]	S50C	【厚さ】3.2-160【丸鋼径】4-100	570	345	【特徴】S45Cと同じ 【用途】S45Cと同じ	0.82	良好

図表1-4-2 切削用鋼材のランキング別材料特性表（その1）
（注意：すべての値は参考値です。各企業においては確認が必要です。）

No	記号	サイズ (mm) 【目安】	引張強さ (N/mm^2) 【目安】	降伏点 (N/mm^2) 【目安】	Q 特徴/用途	C コスト係数	D 入手性
[38]	SUM	【厚さ】 3.2-160 【丸鋼径】 4-100	440	235	【特徴】快削性、溶接加工性難、量産性、自動旋盤による量産性 【用途】時計やカメラの精密部品、自動車部品、切削ねじ、複写機やプリンタのシャフト、家電品のシャフト、パソコン周辺機器のシャフト（HDD,DVD機器）	0.82	良好
[39]	SUJ	【厚さ】 3.2-160 【丸鋼径】 4-100	480	205	【特徴】SUJ 1～5の5種類が存在するが、一般的にSUJとは、「SUJ 2」を意味する。快削性、焼入れ性、耐久性、耐摩耗性、丸材豊富 【用途】軸受、ロール、ケージ、自動車用部品、ワッシャ、スライド用シャフト	1.46	良好

図表1-4-3 切削用鋼材のランキング別材料特性表（その2）
（注意：すべての値は参考値です。各企業においては確認が必要です。）

図表1-4-1をもう一度見てみましょう。

ランキング第4位の「SUM」と第5位の「SUJ」の差異がありません。また、図表1-4-3の材料を見てみましょう。この特性表における「SUM」と「SUJ」を全く異なると判断する場合は、設計力アップのための絞りと、低コスト化のための標準化は不可能です。

もし、大した差異がないと判断した場合は、以下に示す上位4種の材料から、さらに3種の材料に精通し、「設計力アップ」と「標準化」を推進したいものです。

```
・S45C              ・S45C
・SS400     ➡      ・SS400
・S50C              ・（削除）
・SUM               ・SUM
```

1-4-3. Q&A：S45CとSC450の相違はなんですか?

【質問】
　先日、図面の材料記入欄に「S45C」と書くべきところを、何故か、「SC450」と書いてしまいました。全く存在しない材料ならよかったのですが、存在していました。
　そして、加工現場のおじさんから、大目玉を食らいました。SC450ってなんですか?
　材料規格などは、もちろん自分で調べますが、今後、どのように気をつけたらよいか、そのコツを教えてください。(長野県の中小企業に勤務)

【回答】

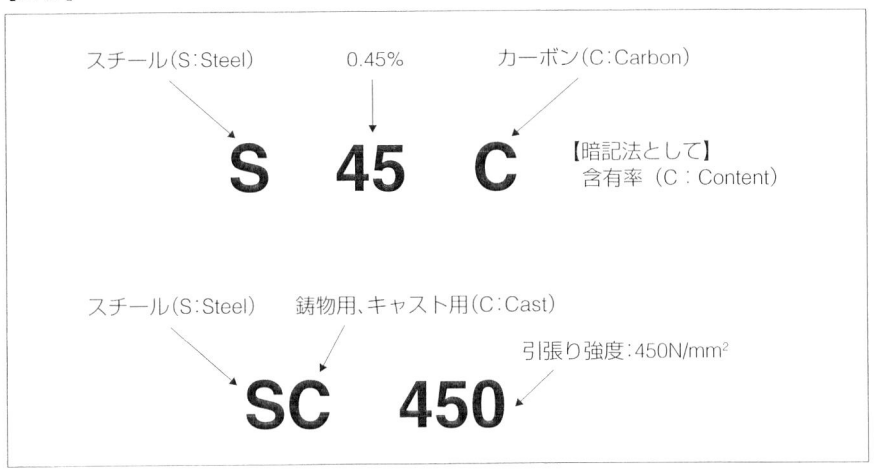

```
　スチール(S:Steel)　　0.45%　　カーボン(C:Carbon)

           S    45    C      【暗記法として】
                              含有率（C : Content)


　スチール(S:Steel)　鋳物用、キャスト用(C:Cast)

                                  引張り強度：450N/mm²
           SC    450
```

図表 1-4-4　切削用鋼材の JIS 表示

　「今後、どのように気をつけたらよいか、そのコツを教えてください。」の追加質問がありますが、そのコツは、一般的には「体で覚えること」とよく言われています。その次には、「語呂合わせ」や「連想」で覚えることです。本書では、後者をお勧めしています。

【暗記法の例】（図表 1-4-4を参照）
　『♪「S45C」の私は、スチール（S）です。0.45％のカーボン（C）を含有（C）しています。♪』

『♪「SC450」の私は、スチール（S）ですが、キャスト用（C、鋳物）です。その引張り強度は450N/mm^{2}ですよ。♪』

もう一つのアドバイスがあります。

図面誤記により材料指示してしまい、現場でもミスの早期発見が遅延したと思います。その理由は、図面誤記とはいえ、「SC450」をすらりと記入してしまったのは、「S45C」と「SC450」は社内で日常使用されている材料であると推定されます。

SC450をどうしても使用する必要があるなら別ですが、貴社が、EV車を含む電気・電子機器の業界ならば、SC450を使用することは、ほとんどありません。もう一度、図表1-1-1を眺め、後述する項目1-8も参照してください。重複しますが、SC450を使用する理由が明確であればよいと思います。

厳さん！厳さん！
図表1-1-1ってこれですよね？
う〜〜ム……
確かにSC450はないですね。

オイ、まさお！
よく気がついたじぇねぇかい。
材料の標準化は、大工では基本中の基本だ。どうも、技術屋ってのは遅れているんじゃねぇかい？あん？

目利き力 徹底した「材料の標準化」を目指そう！

1-5　切削用アルミ合金のランキング

1-5-1．切削用アルミ合金の部品点数ランキング

　アルミの生材（なまざい）というと「A2017（ジュラルミン）」を思い浮かべる方がいますが、部品点数ランキングからは、**図表1-5-1**で28.6％を占める「A5052」が代表材料です。特に、アルミの生材を多く使用する企業ならば、

①　A5052
②　A2017
③　A6061
④　A1050
⑤　A6063

いんや～
3種類でもいいんじゃねぇかい？

の5種類に絞ることをお勧めいたします。ぴたりと当てはまらない場合は、貴社に適した絞り方があるはずです。

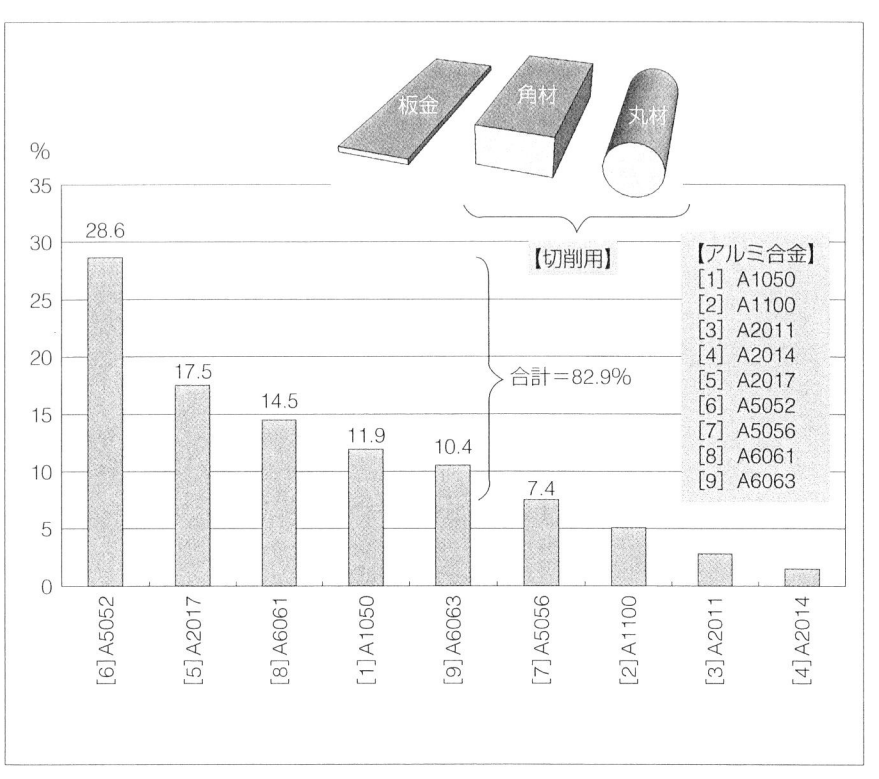

図表1-5-1　切削用アルミ合金の部品点数ランキング

第1章　設計力アップ！切削用材料はたったこれだけ

5種類に絞ることで、アルミ部品別ランキングの「82.9％」を占めます。できれば、もう一つがんばって、上位3種類に絞るトライアルをしてみましょう。これだけで、「60.6％」を占めています。
　絞る理由は、図表1-2-12に示した衝撃的な「材料の標準化による量産効果」を得るためです。

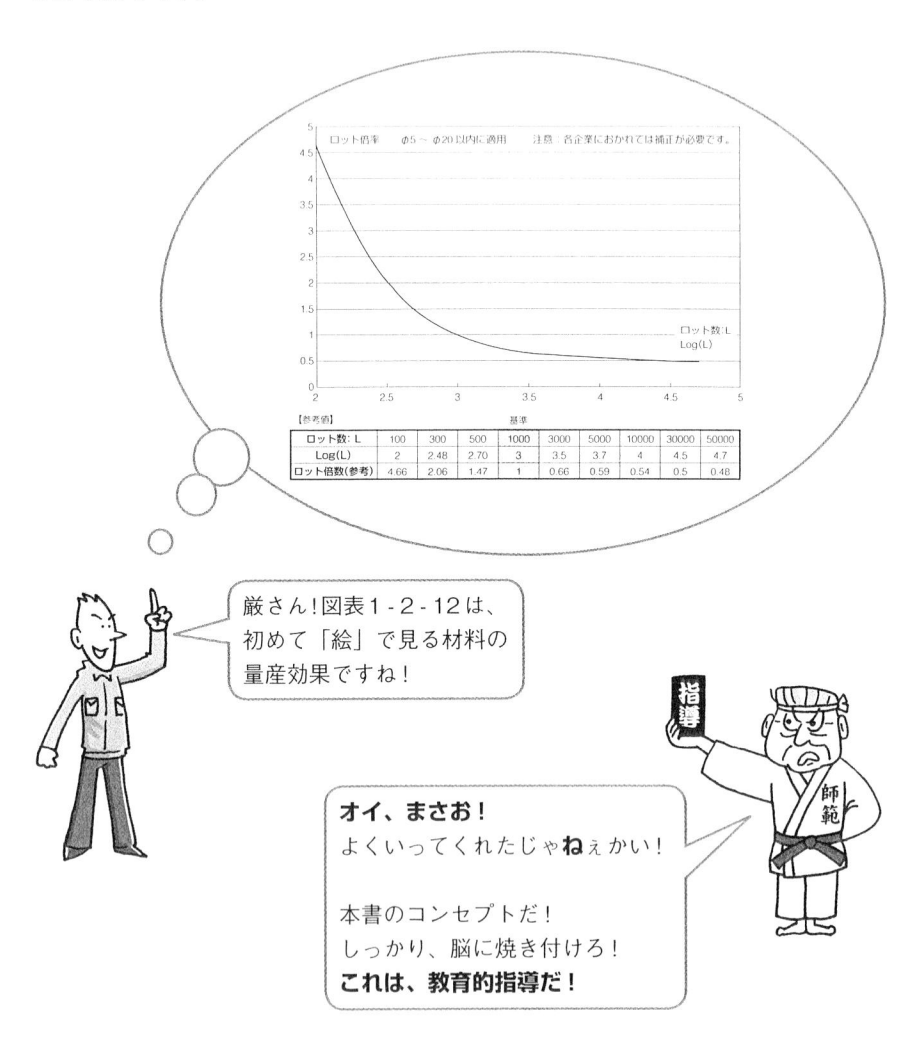

（思考バブル内グラフ）
ロット倍率　φ5 ～ φ20以内に適用　注意：各企業におかれては補正が必要です。
縦軸: 0, 0.5, 1.5, 2, 2.5, 3, 3.5, 4, 4.5
横軸: 2, 2.5, 3, 3.5, 4, 4.5, 5
ロット数：L　Log(L)

【参考値】				基準					
ロット数：L		100	300	500	1000	3000	5000	10000	30000	50000
Log(L)	2	2.48	2.70	3	3.5	3.7	4	4.5	4.7
ロット倍数(参考)	4.66	2.06	1.47	1	0.66	0.59	0.54	0.5	0.48

（まさお）
厳さん！図表1-2-12は、初めて「絵」で見る材料の量産効果ですね！

（師範）
オイ、まさお！
よくいってくれたじゃねぇかい！

本書のコンセプトだ！
しっかり、脳に焼き付けろ！
これは、教育的指導だ！

　次に、図表1-1-1を見てみましょう。
　EV車を含む電気・電子機器の企業なら、部品の2.6％が「A5052」を材料としています。筆者も長年、設計者をやっていますが、試作品以外では、アルミの生材を部品にすることは、感覚的にも2.6％ぐらいが妥当なところでした。

1-5-2. 切削用アルミ合金のランキング別材料特性

　図表1-5-2は、ランキング順に並べた各材料の特性表です。コストに差がないことが特徴ですが、熱伝導率、引張り強さ、疲れ強さに大きな違いがあることに気づいてください。そして、その数値に合った特徴／用途になっていると思います。

　ここをマークすることが、「設計力アップ」となります。

【目安】比重:2.7 縦弾性係数:70kN/mm^2、横弾性係数: 25kN/mm^2 線膨張係数:24×10^{-6}/℃
ポアソン比:0.33 熱伝導率(A5052、A2017):135(W/(m·K)
熱伝導率(A6061):150(W/(m·K) 熱伝導率(A1050、A6063):220(W/(m·K)

No	記号	サイズ (mm) 【目安】	引張強さ (N/mm^2) 【目安】	疲れ強さ (N/mm^2) 【目安】	特徴／用途 (切削用と板金が混在)	コスト係数	入手性
[6]	A 5052	【厚さ】0.4-100 【丸材径】3-200	255	120	【特徴】耐海水性、耐食性、加工性良好、中強度 【用途】船舶内装、ドア、フェンス、カメラ部品、自動車のホイール、車両	3.65	良好
[5]	A 2017	【厚さ】2-100 【丸材径】4-400	425	125	【特徴】ジュラルミンのこと。鋼材に匹敵する強度、切削性良好 【用途】航空機部品、構造体、歯車、ブレーキ、ブレーキペダル、スピンドル	3.65	良好
[8]	A 6061	【厚さ】2-100 【丸材径】8-300	275	95	【特徴】耐食性、加工性良好、溶接性、高強度、切削性、焼入れ／焼き戻しで強度向上 【用途】リベット、ガードレール、野球バット、ラケット、タイヤホイール	3.65	良好
[1]	A 1050	【厚さ】3-40 【丸材径】3-160	100	40	【特徴】低強度、溶接性良好、深絞り性良好 【用途】熱交換機、導体、放熱フィン、装飾品	3.65	良好
[9]	A 6063	【厚さ】2-40 【丸材径】6-200	200	70	【特徴】耐食性、加工良好、高強度 【用途】押出し材、アルミサッシ、フェンス、ドア、複写機の感光体母材（板金）	3.65	良好

図表1-5-2 切削用アルミ合金のランキング別材料特性表
（注意：すべての値は参考値です。各企業においては確認が必要です。）

ちょいと茶でも……

目的に合った玉ねぎの切り方

図表1-5-3は、玉ねぎの切り方を説明する図です。

上下を切り落とした、その切り口

A

玉ねぎの薄皮をむき、上下を切り落として、縦半分に切る。

上下切り落としの切り口

B　　　　　　　　　　　　　　　　C

上下切り落としの切り口　　上下切り落としの切り口　　　　上下切り落としの切り口

<u>玉ねぎの縦切り</u>
玉ねぎの繊維に沿って切る。
シャキシャキ感と歯ごたえあり。
甘みを抑えたい。

<u>玉ねぎの横切り</u>
玉ねぎの繊維を切るので、
口当たりが柔らかくなる。
甘みが出る。

使用目的の明確化

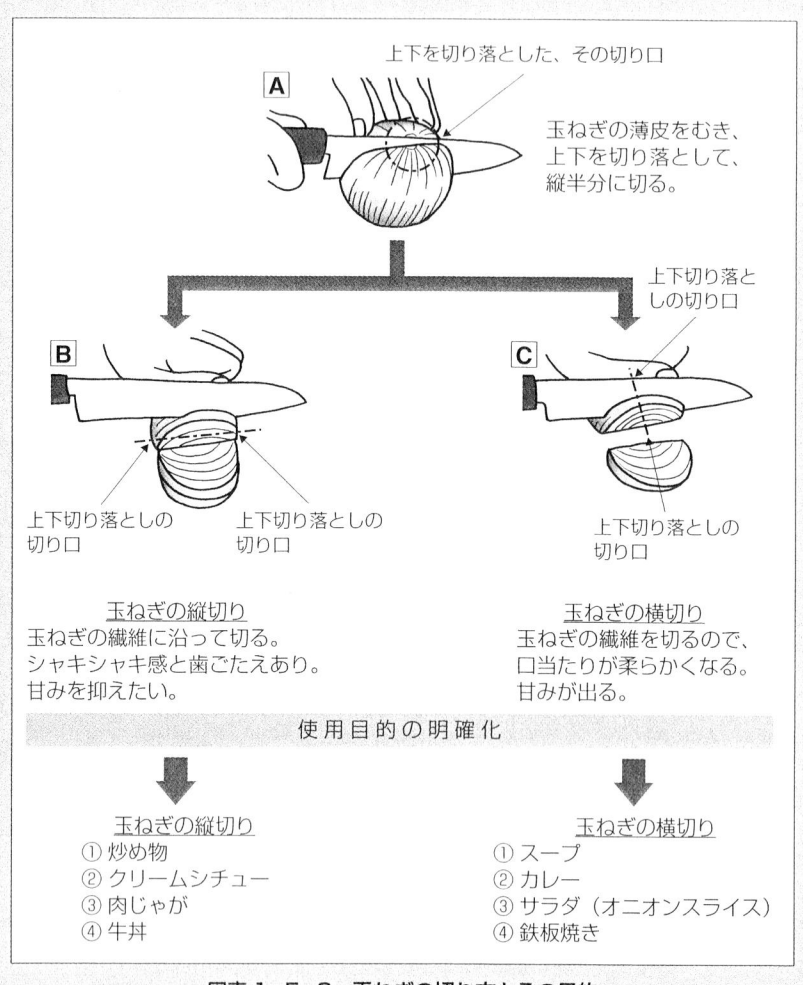

<u>玉ねぎの縦切り</u>
① 炒め物
② クリームシチュー
③ 肉じゃが
④ 牛丼

<u>玉ねぎの横切り</u>
① スープ
② カレー
③ サラダ（オニオンスライス）
④ 鉄板焼き

図表1-5-3　玉ねぎの切り方とその目的

ひとつの食材である「玉ねぎ」ですが、図中に示す「使用目的の明確化」に従い、「B：縦切り」と「C：横切り」の手法が存在します。

　ここで、学生がよく言います。
　「カレーもクリームシチューもビーフシチューも、食材や料理手順は全て同じで、最後に入れるルーが違うだけです。」

　自分が食するのであればこれでよいと思います。
　しかし、カレーやシチューを販売し、お客様様からお金をいただくとなるとこれでは困ります。
　カレーの場合、その多くは玉ねぎの形を残さず、甘み成分の抽出を期待するので「C：横切り」を適用します。
　一方、シチューは、玉ねぎの形を残す場合が多いので「B：縦切り」を採用します。プロの職人は、「B：縦切り」と「C：横切り」を混在させます。
　カレーとシチューは、その職人のレベルに大きな差がここに出ます。

　ちょっと話題を変えましょう。
　Web上には数々の「Q&Aサイト」が存在します。例えば、育児、ファイナンス、奨学金、資格制度、税金、そして、料理などです。ここで、工学系、特に材料関係の「Q&Aサイト」を覗いてみてください。

　その質の悪さには閉口します。

たとえば、こんな具合です。
① 匿名の質問者は、使用目的も説明せずいきなり質問します。「S45Cを使いますが、その引張り応力を教えてください」などです。
② そして、匿名の回答者も、使用目的を確認せずに、いきなりの回答か、信頼度の不明確な別サイトのURLを書き込みます。

③ 特に質の悪いのは「材料オタク」です。「こんなのは質問じゃない。自分で調べろ！」、「最近、この手の低レベルな質問に飽き飽きしている」、「そんなことも知らないで！」と記述しています。

④　そして、質問者と回答者の低俗なバトルが続きます。
⑤　回答者はどうしても「上から目線」となり、必ずと言ってよいほど「まぁ」という単語を使います。「まぁ、それでどうぞ！」

⑥　「まぁ」という単語は、政治家、社長、医者の方々が目下の者によく使う単語です。
⑦　回答者の機嫌を損ねると、その「Q&Aサイト」をいきなり閉鎖したり、Q&Aのやりとりで「無言」と「無視」で対応します。

　極めつけは、材料コストに関する質問と回答はほとんどありません。

　重複しますが、育児、ファイナンス、奨学金、資格制度、税金、そして、料理の「Q&Aサイト」はこのような形態ではありません。
　質問者はきちんと目的を説明しています。また、目的が不明確な場合、回答者は真っ先に、目的の確認からはじめています。したがって、低俗なバトルは見当たりません。

　日本の工業界の技術力向上に努力している当事務所と筆者ですが、まずは自らを反省しなくてはいけません。
　筆者も「上から目線」でコンサルテーションを実施していました。
　反省しています。

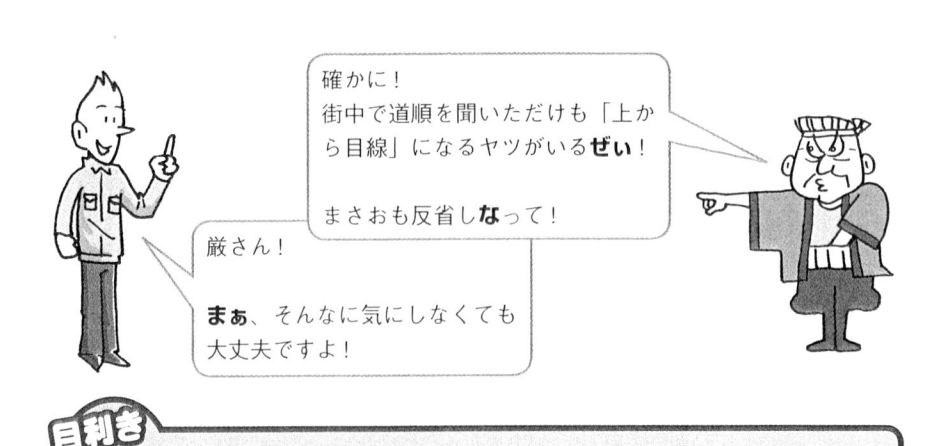

確かに！
街中で道順を聞いただけも「上から目線」になるヤツがいる**ぜい**！

まさおも反省し**なっ**て！

厳さん！

まぁ、そんなに気にしなくても大丈夫ですよ！

目利き力　材料の選択は、「使用目的の明確化」が必須である。

1-5-3. 簡単な材料力学：断面2次モーメントと断面係数

「材料」といえば、「材料力学」は、切っても切れない関係にあります。恒例の料理に例えれば、以下のようになるでしょう。

① 「肉じゃが」を作るとき、ねぎを入れます。長ねぎか、玉ねぎか？
　（例：梁を作るとき、金属を選択するが、鋼材か、アルミ材か？）

② 玉ねぎに決定したとき、玉ねぎはどのような特性があるのか？お値段は？
　（例：鋼材に決定したとき、どのような特性があるのか？コストは？）

③ 玉ねぎの特性を把握したら、縦切りか、横切りか？図表1-5-3を参照。
　（例：鋼材の特性を把握したら、その断面は縦長か、横長か？）

材料力学とは、前述における①と③の選択に必要な学問です。いや、学問というより、技術者という職人の世界でいうならば、材料選択に必要な「知識」です。

それでは、その「知識」の一部を紹介しましょう。以下、断面形状が対称形である簡単な例に限定して説明します。

例えば、**図表1-5-4**のようなAタイプ（断面が横長）とBタイプ（断面が縦長）の鋼材角棒の先端に50 kgの荷物を載せた場合、どちらのたわみ量が少ないか計算してみましょう。

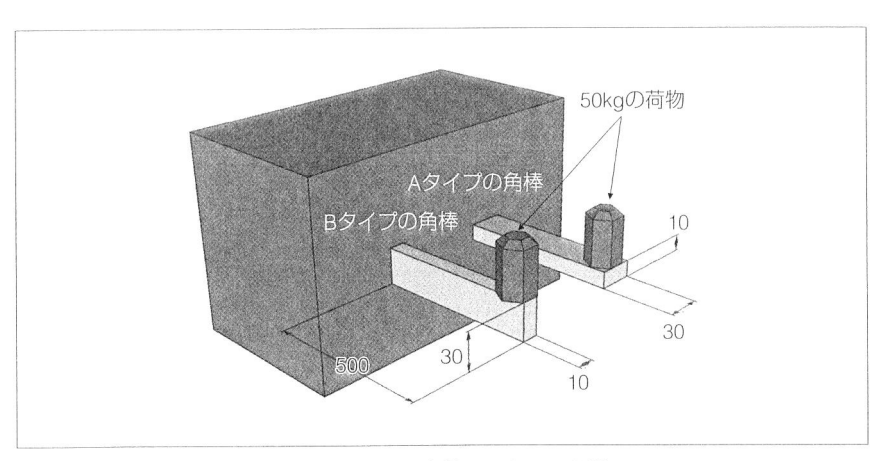

図表1-5-4　角棒のたわみの問題

まず、図表1-5-5の上部に示す関係式において、「I：断面2次モーメント」と「Z：断面係数」が出てきます。

前者の断面2次モーメントとは、曲げやねじりに対する剛性の大きさを表します。後者の断面係数は、その名の通り計算で使う係数です。つまり、剛性の大きさは、「I：断面2次モーメント」で表現されます。

この後の計算でも理解しましょう。

次に図中の「中立軸」とは、対称形の断面の場合は、「図心」を通る荷重方向に垂直な軸です。

ここで再び、聞きなれない「図心」という単語が出てきましたが、本例のような対称形断面の場合は、図心とは図形の中心であり、断面における「重心」のイメージで理解しても構いません。

したがって、$y_1=5$、$y_2=15$となります。

$$I = Z \times y$$

I：断面2次モーメント
Z：断面係数
y：中立軸から端面までの距離

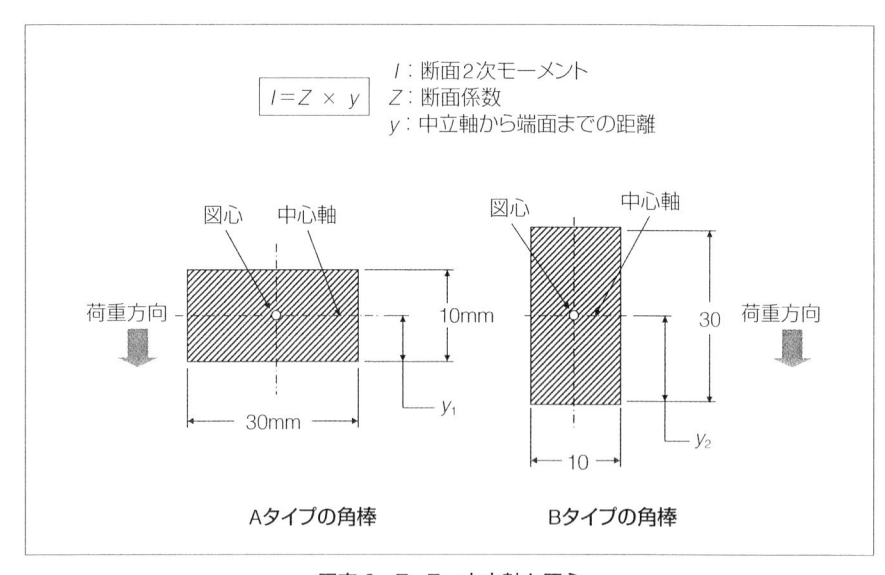

図表1-5-5　中立軸と図心

目利き力　設計は、常に料理に置き換えることでなんでも説明できる。

また、鋼材の縦弾性係数 $E = 206\text{GPa} = 2.1 \times 10^4\,\text{kg/mm}^2$ となります。

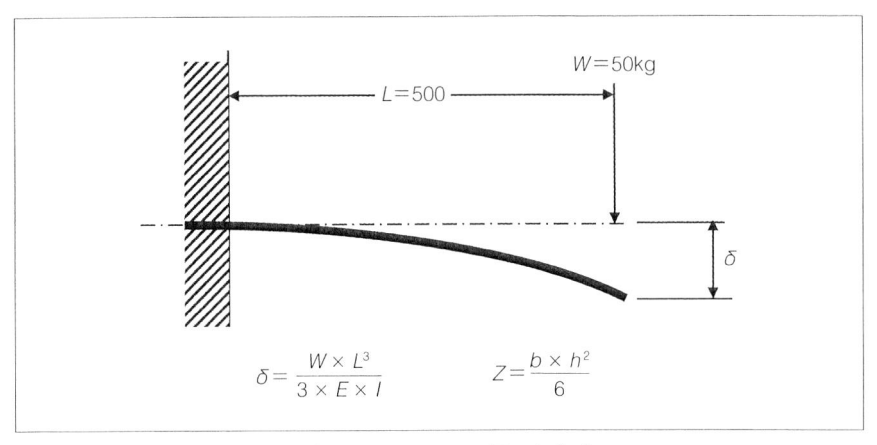

$$\delta = \frac{W \times L^3}{3 \times E \times I} \qquad Z = \frac{b \times h^2}{6}$$

図表1-5-6　たわみ量δと公式

図表1-5-6に示すたわみ（δ）の公式に数値を代入して、図中のδを計算すると図表1-5-7となります。

計算項目と結果	Aタイプの角棒	Bタイプの角棒
縦弾性係数：E	206 Gpa（21000 kg/mm²）	
b	30 mm	10 mm
h	10 mm	30 mm
断面係数：Z	500	1500
y	5 mm	15 mm
断面2次モーメント：I	2500 mm⁴	22500 mm⁴
たわみ量 δ	39.6 mm	4.4 mm

図表1-5-7　計算結果

Aタイプ（断面が横長）と、Bタイプ（断面が縦長）のたわみ量に圧倒的な差が出たことに驚きます。

1-5-4. Q&A：鋼材からアルミ材に変更するときの留意点は？

【質問】
　軽量化のために、鋼材をアルミ材に変更したいと考えています。この場合、設計的に留意すべき点はなんでしょうか？（韓国EV車開発チーム）

【回答】
　あらゆる相違点を抽出しなければと記述したいのですが、あえて、以下の4点に絞りました。

① 縦弾性係数：アルミの強度は、鋼材の1/3と低い。
② 線膨張係数：アルミは、鋼材の2倍も線膨張する。
③ 疲れ強さ：アルミは、繰り返し応力に弱い。
④ コスト：体積でいえばアルミは、鋼材の4.5倍のコストである。

　例えば、鋼材を「SS400」、アルミ材を「A2107」とした場合、前者は図表1-4-2から、後者は図表1-5-2からそれぞれの材料特性を選択します。それが、**図表1-5-8と図表1-5-9**です。
　ここから、いきなり解説なしに回答していくのが、項目1-5-2の「ちょいと茶でも」で記載した「材料オタク」です。そこに記載されている「使用目的の明確化」を実施してから、回答に入るよう心がけてください。

No	記号	サイズ (mm) 【目安】	引張強さ (N/mm^2) 【目安】	降伏点 (N/mm^2) 【目安】	特徴/用途	コスト係数	入手性
[35]	SS 400	【厚さ】 3.2-160 【丸鋼径】 4-230	450	235	【特徴】SS材と呼ばれる、快削性、溶接加工性良好、靭性（じんせい、材質の粘り強さ）、熱処理しないで使用 【用途】ビルや橋などの建設材料、鉄塔、ボルト、ナット、ピン、スタッド、フランジ、レバー、ギア	0.82	良好

【目安】比重：7.9　縦弾性係数：200kN/mm²　横弾性係数：81kN/mm²　線膨張係数：12×10⁻⁶/℃
ポアソン比：0.30　熱伝導率：45W/(m・K)

図表1-5-8　鋼材SS400の材料特性表
（注意：すべての値は参考値です。各企業においては確認が必要です。）

【目安】比重：2.7 縦弾性係数：70kN/mm^2、横弾性係数：25kN/mm^2 線膨張係数：24×10^{-6}/℃
ポアソン比：0.33 熱伝導率：135W/(m・K)

No	記号	サイズ (mm)【目安】	引張強さ (N/mm^2)【目安】	疲れ強さ (N/mm^2)【目安】	Q 特徴/用途（切削用と板金が混在）	C コスト係数	D 入手性
[5]	A2017	【厚さ】2-100【丸材径】4-400	425	125	【特徴】ジュラルミンのこと、鋼材に匹敵する強度、切削性良好　【用途】航空機部品、構造体、歯車、ブレーキ、ブレーキペダル、スピンドル	3.65	良好

図表 1-5-9　アルミ材 A2017 の材料特性表
(注意：すべての値は参考値です。各企業においては確認が必要です。)

　本項の質問は、「軽量化のために鋼材をアルミ材に変更したい」というそのときの留意点ですが、前述した「縦弾性係数」、「線膨張係数」、「疲れ強さ」、「コスト」の4項目は、筆者だけが考えた項目ではありません。これらは、世間一般のベテラン技術者が言っている留意点です。

　つまり、本書における各材料特性表は、設計者に必要な最低限の材料情報を提供していると確信しています。

　是非、実務での有効活用を期待しています。繰り返しますが、「使用目的の明確化」が必須です。

> **イヤー**、なかなか気の利いた特性表じゃ**ね**ぇかい。**あん**？
>
> **シ**っかし**よ**ぉ、イマイチ、使い方がわからんのよ！

> 厳さん！厳さん！
>
> 用語の解説も含めて、第4章にくわしい解説がありますよ。

第 1 章　設計力アップ！切削用材料はたったこれだけ

1-6 切削用銅合金のランキング

　銅合金（どうごうきん）と呼ぶと馴染みは薄いのですが、「黄銅（おうどう）」や「真鍮（しんちゅう）」といえば、逆によく聞く単語かと思います。

　サクスフォンやホルンなどの楽器や、昔は木製であり木管楽器であったフルートも現在は銅合金でできています。

　そして、もっとも身近なお金（小銭）ですが、1円玉以外は、すべてが銅合金です。後の「Q&A」で特集されていますので、お楽しみに。

1-6-1. 切削用銅合金の部品点数ランキング

　図表1-6-1は、前述した銅合金に関する、EV車を含む電気・電子機器業界の部品点数ランキングです。

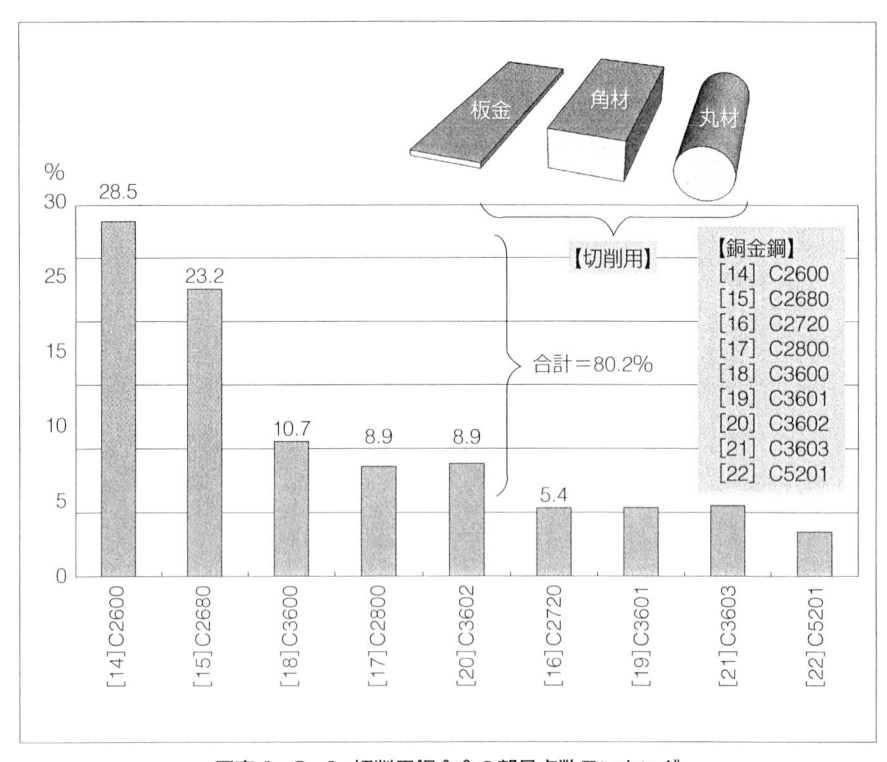

図表 1-6-1　切削用銅合金の部品点数ランキング

1-6-2. 切削用銅合金のランキング別材料特性

図表1-6-2は、ランキング順に並べた各材料の特性表です。図表1-5-2のアルミ合金とは異なり、熱伝導率、引張り強さ、0.2％耐力、コスト係数に大きさ差異はありません。

次に「特徴／用途」に差異を見つけてください。ここをマークすることが、「設計力アップ」となります。

【目安】比重：8.4 縦弾性係数：110kN/mm²、横弾性係数：41kN/mm² 線膨張係数：17×10⁻⁶/℃
ポアソン比：0.35 熱伝導率(C2600、C2680、3600、3602)：110W/(m・K)
熱伝導率(C2800)：80W/(m・K)

No	記号	サイズ (mm) 【目安】	引張強さ (N/mm²) 【目安】	0.2%耐力 (N/mm²) 【目安】	Q 特徴／用途 (切削用と板金が混在)	C コスト係数	D 入手性
[14]	C 2600	【厚さ】6-75 【丸鋼径】4-50	275	250	【特徴】加工性良好、めっき性、伝熱性、七三黄銅と呼ばれる 【用途】電気部品、アンテナ、ラジエター、機械部品、熱交換器	6.22	良好
[15]	C 2680	【厚さ】6-75 【丸鋼径】4-50	275	250	【特徴】加工性良好、めっき性、熱交換器 【用途】配線部品、アンテナ、熱交換器、カメラ部品、時計の文字盤、スナップボタン、ラジエター、	6.22	良好
[18]	C 3600	【厚さ】6-75 【丸鋼径】4-50	295	250	【特徴】被削性（快削性） 【用途】電気部品、カメラ部品、精密ギア、精密シャフト、ボルト、ナット、バルブ、金物	6.22	良好
[17]	C 2800	【厚さ】6-75 【丸鋼径】4-50	325	250	【特徴】強度あり、加工性良好、六四黄銅と呼ばれる 【用途】電気部品、アンテナ、建築用パイプ、機械部品、鋲（びょう）、計器板	6.22	良好
[20]	C 3602	【厚さ】6-75 【丸鋼径】4-50	315	185	【特徴】仕上げ面良好、快削性 【用途】電気部品、時計部品、精密ギア、精密シャフト、金物、バルブ	6.22	良好

図表1-6-2 切削用銅合金のランキング別材料特性表
(注意：すべての値は参考値です。各企業においては確認が必要です。)

1-6-3. Q&A：銅合金はどんなところに使用されていますか？

【質問】
　項目1-6-1の冒頭では、
『サクスフォンやホルンなどの楽器や、昔は木製であり木管楽器であったフルートも現在は銅合金でできています。
　そして、もっとも身近なお金（小銭）は、1円玉以外は、すべてが銅合金です。後の「Q&A」で特集されていますので、お楽しみに』と書いてありましたが、銅合金はどんなところに使われるのでしょうか？（重電機会社に勤務）

【回答】
　図表1-6-1では、第1位で28.5％も占める「C2600」でも、図表1-1-1では、1％を切っています。図中に数値の記入はありませんが、0.5％以下です。つまり、EV車を含む電気・電子機器業界で、銅合金は電気部品以外はあまり使われていません。
　図表1-6-2の「特徴／用途」欄を見ると、電気部品や精密機器のギアに用いられています。
　筆者も過去において、何度か精密ギアやプーリ、そしてシャフトを快削性のある「C3600」で設計したことがあります。
　なんとなく、「0.5％以下」が感覚的にも把握できます。

　それでは、どのようなところで使用されているか紹介しましょう。以下のところで使用されています。

① 　サクスフォンやホルン（真鍮：銅と亜鉛の合金）
② 　フルート（白銅：銅とニッケルの合金）
③ 　アルミ製の1円玉の除くすべての小銭

　③は、意外だったのではないでしょうか？金属貨幣の詳しい材料や製造方法に関しては、第2章で解説します。ご期待ください。

1-7 鋳造用アルミ合金のランキング

項目1-1では、「切削用材料」の部品点数ランキング、および、それらの材料特性表を掲載しました。

また、項目1-3から項目1-6までは、切削用材料でも、生材（なまざい）に関して解説してきました。これらの切削用材料は、企業の中では主に、「生材（なまざい）」と呼ばれ、材料メーカーから購入した規格材料から、すべての形状に機械加工を施して部品を製造します。

しかし、すべての形状に機械加工を施していたのでは、コスト高となるので、機械加工するほどの精度は必要としない形状部分は、「型」で製造します。

このとき、使用される金属材料を「鋳造用」と呼びます。図表1-7-1で現在の「位置」、つまり、「鋳造用アルミ合金」の位置を確認しておきましょう。

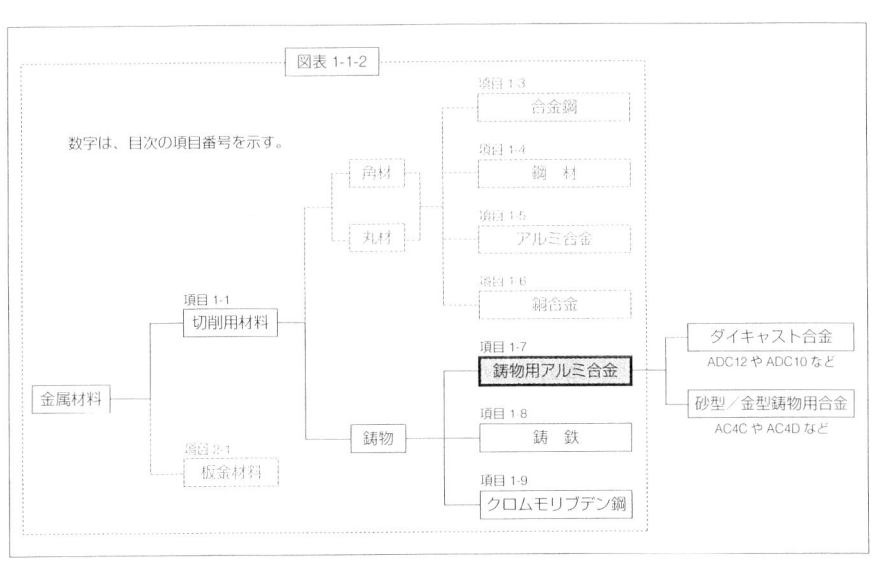

図表 1-7-1　鋳物用アルミ合金の定義とその位置確認

> **鋳物を除く切削用材料を、企業では生材（なまざい）と呼ぶ。**

1-7-1. 鋳造用アルミ合金の部品点数ランキング

　図表1-7-2では、54.7％を占める「ADC12」でも、図表1-1-1では1.9％のランキングです。EV車を含む電気・電子機器の業界では大型で強度を必要とする部品は、板金や樹脂に変わっています。

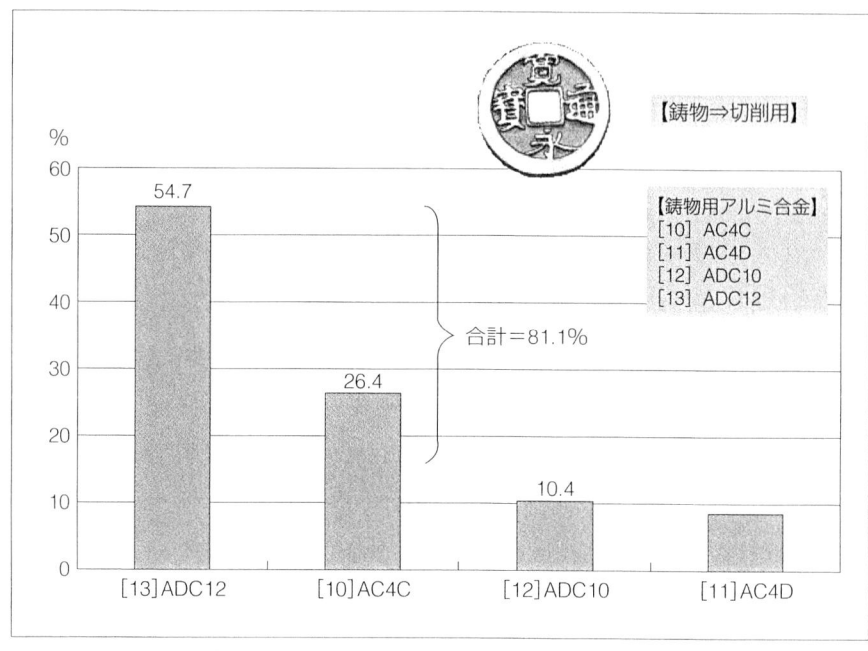

【鋳物⇒切削用】

【鋳物用アルミ合金】
[10] AC4C
[11] AC4D
[12] ADC10
[13] ADC12

合計＝81.1％

	[13]ADC12	[10]AC4C	[12]ADC10	[11]AC4D
%	54.7	26.4	10.4	

図表1-7-2　切削用アルミ合金の部品点数ランキング

　ここで、EV車の設計書である図表1-2-4と図表1-2-5をもう一度見てみましょう。
　「設計思想とその優先順位」の第1番目が、納得の「軽量化」です。ボディの鋼板でさえ、薄く、軽く、そして強い「高張力鋼ハイテン」を採用し、重量化が予測されるフロアクロスメンバーには、驚きの特性を示す（図表1-2-7参照）カーボンファイバを採用し、さらに、そのカーボンファイバは周辺の鋼板から「プレストレッシング構造」で構成されています。

　EV車の軽量化戦略会議で、「アルミの鋳物」、次項で解説する「鋳鉄（鉄の鋳物）」の単語は一切、出てきませんでした。
　時代は大きく変わってきたのです。

下のイラストを見てください。

まさお君の頭の中に浮かんだ図表1-2-1は、「100台／月～10万台／月」の代表格である家電品、事務機器などの電気・電子機器に関する機械系部品の「加工別コスト分析」と「部品点数分析」です。そして、EV車を含んでいることを隣国のEV車開発のコンサルテーションで確認しています。

自動車⇒内燃機関⇒金属切削というイメージをいつまでも持っていると、隣国の自動車産業に追い抜かれます。EV車が走行距離を伸ばすためには、高性能なバッテリを開発するとともに、車の全質量を軽量化する必要があるからです。

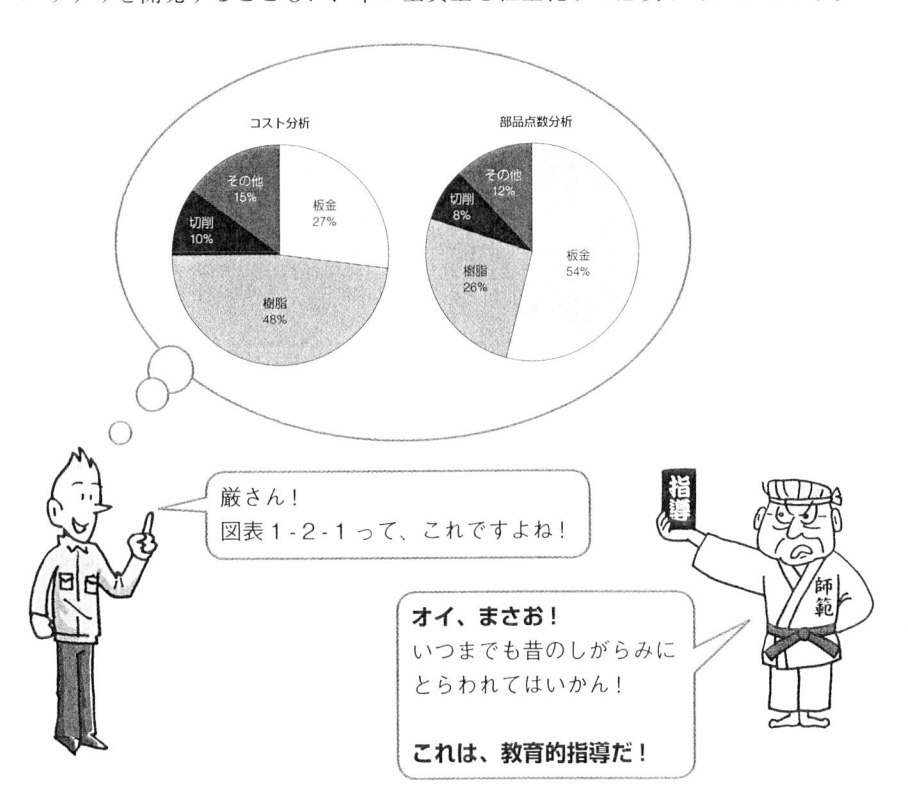

コスト分析
- その他 15%
- 切削 10%
- 板金 27%
- 樹脂 48%

部品点数分析
- その他 12%
- 切削 8%
- 樹脂 26%
- 板金 54%

厳さん！
図表1-2-1って、これですよね！

オイ、まさお！
いつまでも昔のしがらみに
とらわれてはいかん！

これは、教育的指導だ！

図において、板金と樹脂の設計力が、機械系技術者の腕の見せ所といえそうです。

目利き力 板金と樹脂は、機械系設計者の腕の見せ所である。

第1章 設計力アップ！切削用材料はたったこれだけ　73

1-7-2. 鋳造用アルミ合金のランキング別材料特性

図表1-7-2のランキングに基づく材料特性表を**図表1-7-3**に示します。

					Q		C	D
No	記号	サイズ (mm) 【目安】	引張強さ (N/mm^2) 【目安】	疲れ強さ (N/mm^2) 【目安】	特徴/用途		コスト係数	入手性
[13]	ADC12	—	300	140	【特徴】鋳造性、耐圧性、ダイキャスト用 【用途】ガソリンエンジンのコンロッド、ミシンの部品、ギアハウジング、圧力計ケース、バタフライバルブのハウジング		1.58	良好
[10]	AC4C	—	200	120	【特徴】鋳造性良好、切削性良好、耐食性、砂型用、金型用、靭性（じんせい、材質の粘り強さ）、大型鋳物用 【用途】機器のフレーム、フィン（羽）、ギアハウジング、ロボットアーム、ブレーキドラム、水冷シリンダ、ホイール、マニホールド		1.58	良好

【目安】比重:2.7 縦弾性係数:74kN/mm²、横弾性係数:25kN/mm² 線膨張係数:22×10⁻⁶/℃ ポアソン比:0.28 熱伝導率:96W/(m·K)

図表 1-7-3 切削用アルミ合金のランキング別材料特性表
（注意：すべての値は参考値です。各企業においては確認が必要です。）

前述、「ADC12などの鋳造用アルミ合金を使うな」と、理解してしまうのは早合点です。どうしても大型で強度を必要とする業界の商品には不可欠です。

しかし、その場合でも、「ADC12」と「AC4C」の2種で十分ではないでしょうか？　もう一度、図表1-7-3を眺めてみてください。

部品点数において、「ADC12」と「AC4C」の2種だけで、鋳造用アルミ合金全体の81.1％も占めているのです。

1-7-3. Q&A：鋳造用アルミ合金の生産量ランキングは？

【質問】
　金属材料を「部品点数」でランキングして、技術者としての知識の深掘と材料の標準化を目指していることは理解できます。しかし、生産量のランキングも知りたいところです。（デジタルカメラメーカーの生産技術部）

【回答】
　本書は、部品点数ランキングをもとになんでも知っている「材料オタク」ではなく、

・誰でも知っている材料
・皆が使っている材料

に絞りました。そして、これらの材料特性を熟知する「目利き力」を持った「職人」となることを目指しています。

　一方、企業においては、材料を絞ることによって低コスト化のための標準化を推進しています。ここで、部品点数ランキングではなく、生産量（使用量）別のランキングを知りたいと思いませんか？
　それでは、**図表1-7-4**を見てみましょう。この図は、鋳造用アルミ合金の中のダイキャスト合金に関する生産量ランキングです。やはり、「ADC12」が第1位であり、なんと94.1％を占めています。

　第1位が、あまりにもダントツであるため、第2位以降の「ランキング」は無意味となります。したがって、混乱を避けるため、材料名ではなくあえて「a」、「b」、「c」の記号で記載しました。

目利き力　企業における材料の標準化は、まず、部品点数ランキングで選択し、次に、生産量ランキングの確認をとっておくこと。

第1章　設計力アップ！切削用材料はたったこれだけ

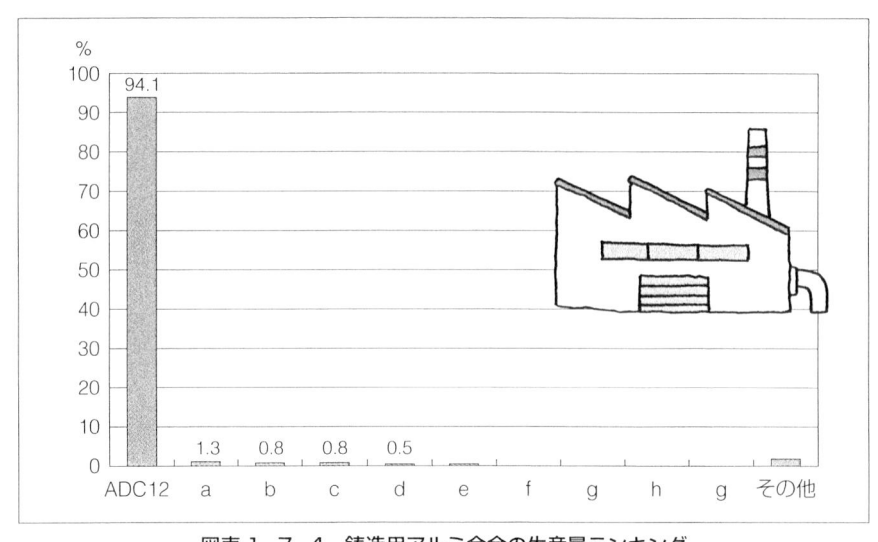

図表 1 - 7 - 4　鋳造用アルミ合金の生産量ランキング
（注意：すべての値は参考値です。各企業においては確認が必要です。）

　アルミダイキャスト材料としては、「ADC12」の知識だけを習得すればよいことと、企業では「ADC12」の一本に絞ることの検討が必要と思います。

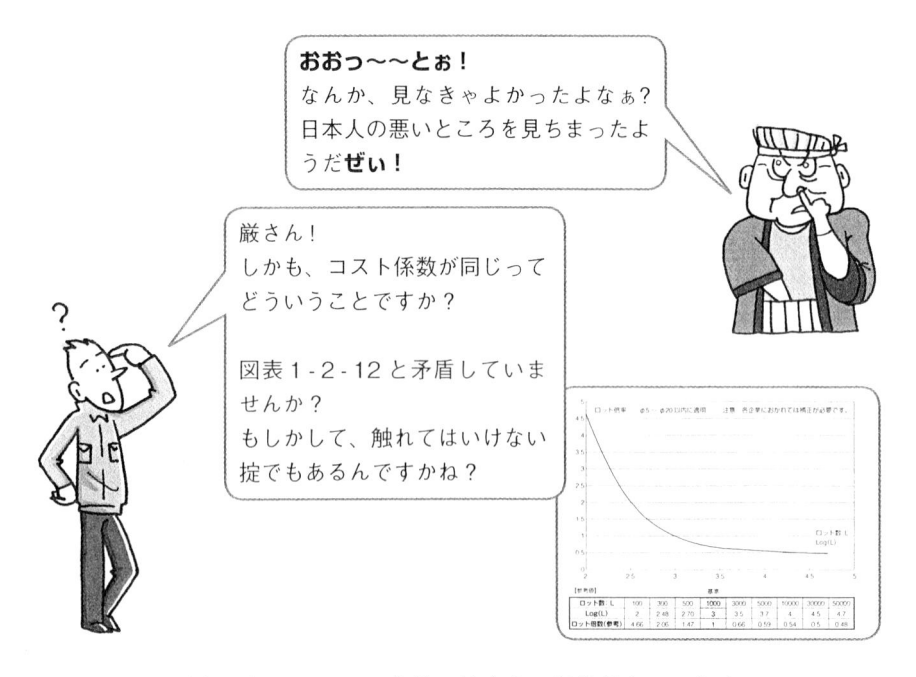

> **おおっ～～とぉ！**
> なんか、見なきゃよかったよなぁ？
> 日本人の悪いところを見ちまったようだ**ぜぃ！**

> 厳さん！
> しかも、コスト係数が同じってどういうことですか？
>
> 図表1-2-12と矛盾していませんか？
> もしかして、触れてはいけない掟でもあるんですかね？

　まさお君の言う通り、これでは牛丼や飲食店の価格競争はできません。

1-8 鋳鉄のランキング

1-8-1. 鋳鉄の部品点数ランキング

恒例の解説ですが、図表1-8-1では、22.8％を占める「FC200」でも、図表1-1-1では、たった0.9％のランキングです。

EV車を含む電気・電子機器の業界では大型で強度を必要とする部品は、板金や樹脂に変わっています。

【鋳物⇒切削用】

【鋳鉄】
[23] FC150
[24] FC200
[25] FC250
[26] FC300
[27] FCD400
[28] FCD450
[29] FCD500
[30] FCD600

合計＝77.3％

	%
[24]FC200	22.8
[25]FC250	22.0
[28]FCD450	13.0
[30]FCD600	10.6
[29]FCD500	8.9
[26]FC300	8.1
[27]FCD400	8.1
[23]FC150	(約6.5)

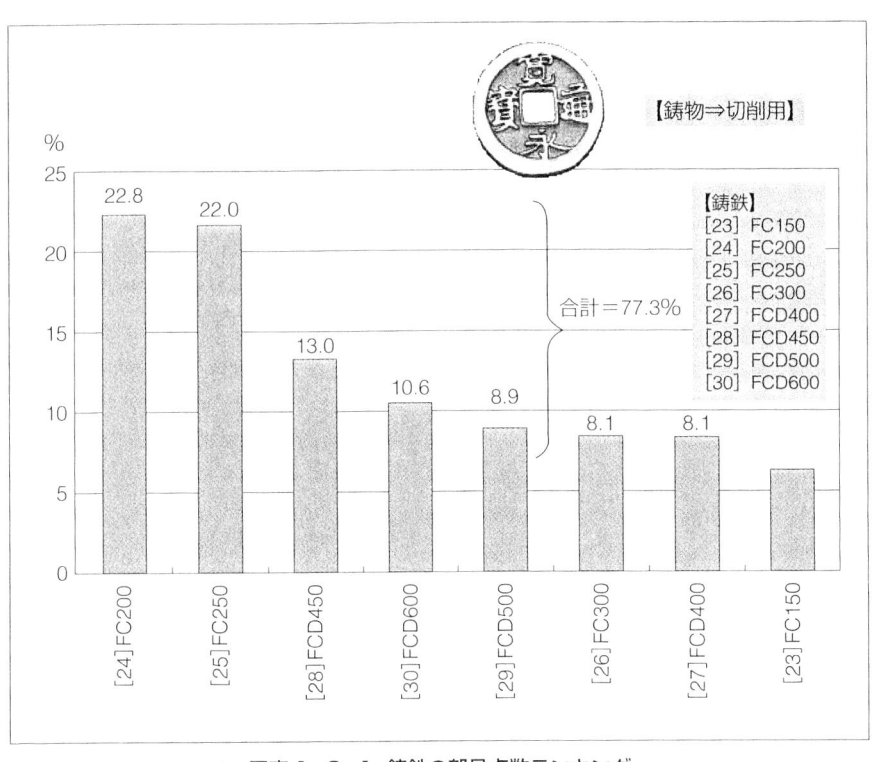

図表1-8-1 鋳鉄の部品点数ランキング

項目1-7の鋳造用アルミ合金でさえ軽量化のためには使用しなくなっているわけですから、本項の鋳鉄となるとさらに使用頻度は低下しています。

ただし、誤解しないでください。

鋳鉄を必要としている業界では、必需の材料です。その場合でも、図中に示す5種ぐらいに絞ってはいかがでしょうか？ これで、鋳鉄の77.3％を占めます。

いや、5種では多いので次ページでは、さらに絞ってみましょう。

第1章 設計力アップ！切削用材料はたったこれだけ

1-8-2. 鋳鉄のランキング別材料特性

図表1-8-2は、図表1-8-1のランキングに基づく材料の特性表です。大雑把な判断ですが、引張り強さで分類した場合、「FC200」と「FCD450」の2本に絞ったらいかがでしょうか？ 前述の5種では多すぎます。

FCD450、FCD500、FCD600 の場合
【目安】比重:7.3 縦弾性係数:170kN/mm^2、横弾性係数:77kN/mm^2 線膨張係数:11×10^{-6}/℃
ポアソン比:0.27 熱伝導率:40W/(m・K)

FC200、FC250の場合
【目安】比重:7.3 縦弾性係数:125kN/mm^2、横弾性係数:39kN/mm^2 線膨張係数:12×10^{-6}/℃
ポアソン比:0.27 熱伝導率:50W/(m・K)

No	記号	サイズ (mm) 【目安】	引張強さ (N/mm^2) 【目安】	降伏点 (N/mm^2) 【目安】	Q 特徴/用途	C コスト係数	D 入手性
[24]	FC 200	−	200	100	【特徴】鋳造性、加工性良好、もろい、衝撃に弱い、大物用 【用途】家庭器具用の鋳物、水道部品、ウォームギア、ポンプのケーシング	0.49	良好
[25]	FC 250	−	250	130	【特徴】鋳造性、もろい、衝撃に弱い、大物 【用途】家庭器具用の鋳物、水道部品、油圧機器の各種部品、ピストンリング、ギア	0.49	良好
[28]	FCD 450	−	450	280	【特徴】加工性良好、高強度 【用途】トラックギアボックス、バルブのケーシング、水道用分岐管、シャフト	0.49	良好
[30]	FCD 600	−	600	370	【特徴】強い、加工性低、高硬度 【用途】ディーゼルエンジンのピストン、ピストンリング、マンホールの蓋、油圧シリンダーヘッド、チェーンのスプロケット	0.49	良好
[29]	FCD 500	−	500	320	【特徴】FCD450と同じ 【用途】FCD450と同じ	0.49	良好

図表1-8-2 鋳鉄のランキング別材料特性表
(注意：すべての値は参考値です。各企業においては確認が必要です。)

1-8-3. トラックタイヤ脱輪事故にみる材料選定の考察

まず、図表1-8-3を見てください。

本項で話題にするのは、あの有名な「トラックタイヤ脱輪事故」です。トラックタイヤを嵌める図中の「ハブ」と呼ぶ鋳鉄製のリング（輪）に亀裂が入り、質量140kgもある大型トラックのタイヤが遠心力を伴って、乳母車を押す若き母親を直撃したのです。

【注意】本項に記載される全ての事例は、本書のコンセプトである「若手技術者の育成」のための「フィクション」として理解してください。

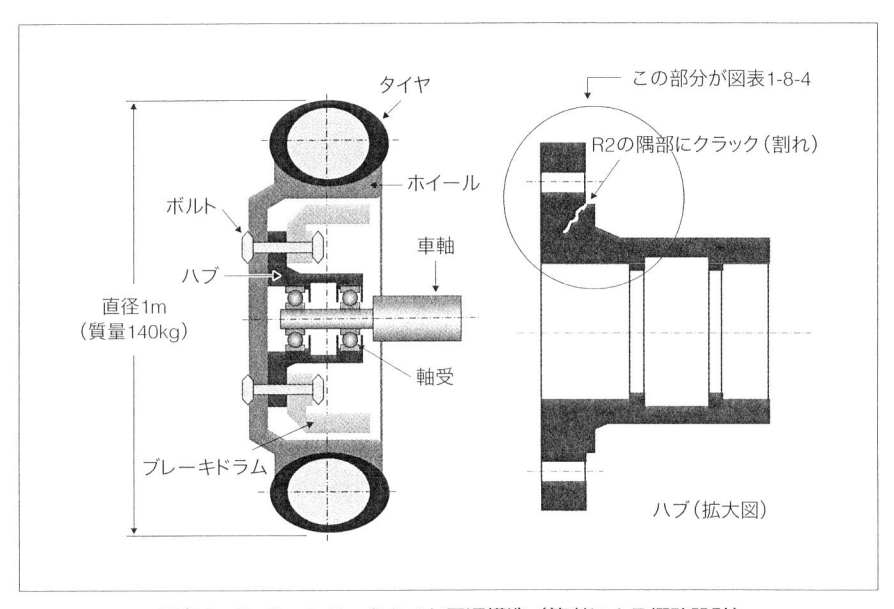

図表1-8-3 トラックタイヤ周辺構造（筆者による概略設計）
（出典：ついてきなぁ！失われた『匠のワザ』で設計トラブルを撲滅する！：日刊工業新聞社刊）

次ページに示す図表1-8-4の上図は、まさお君による「事故を起したD型ハブ」の形状と材質の分析結果です。

また、図中の下部は、まさお君によるM型ハブへの設計変更です。特に、図中の「R2」と、それと対象位置にある下部の図における「R8」への変更に注目しておいてください。

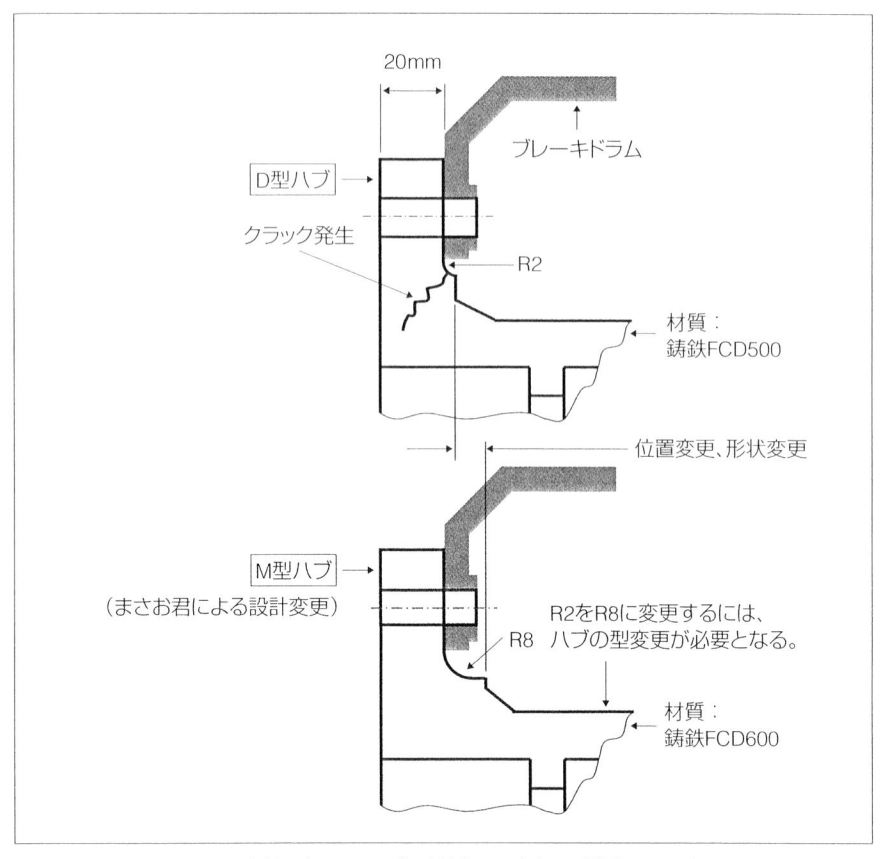

図表1-8-4 事故を起したハブの分析と設計変更（筆者による概略設計）
(出典：ついてきなぁ！失われた『匠のワザ』で設計トラブルを撲滅する！：日刊工業新聞社刊)

　まず、設計の基本である材質は、「球状黒鉛鋳鉄」または、「ダクタイル鋳鉄」と呼ばれる、いわゆる「鉄の鋳物（鋳鉄、ちゅうてつ）」です。この鋳鉄という材料は、中にボイド（気泡のこと）や他の不純物が入ることが少なくはありません。

　トラックという重量物の使用条件から、鋳鉄という不均一な材料の選択は、理想論から言えば不適切だったかもしれません。しかし、それを補っていくのが「設計」であり、その職人を「設計者」と呼びます。

　一方、図表1-8-4に示す鋳鉄に「R2」を入れるということは、鋳物では不可能なので「切削加工」で入れることになります。切削で「R2」の加工とは、正しく、その箇所に応力を集中させ、「割れてくれ！」と拝んでいるようなものです。

それでは、まさお君が設計した「M型ハブ」を見てみましょう。図表1-8-4の下の図です。

　隅の「R2」をできるだけ大きくとる……例えば「R8」にすると、図中の「位置変更」が示すように、ブレーキドラムの位置や形状の変更も伴う場合があります。隅Rの変更だけで周辺部品の変更を余儀なくされますが、本来は、思い切ってこの変更を決断すべきだったのです。

　前述した「鋳鉄という不均一な材料」を賢く使いこなすには、このような気配りが必要です。これが、「設計」という職業であり、その職人を「設計者」と呼びます。

　ここではネガティブな意識が働き、材料変更でもどうにかならないかと、「FCD500」を「FCD600」に変更しました。この材料特性の違いは、以下の通りです。

・FCD500の引張強さ：500（N/mm^2）、降伏点：320（N/mm^2）
・FCD600の引張強さ：600（N/mm^2）、降伏点：370（N/mm^2）

　繰り返し応力や金属疲労やクラックを判断する「降伏点」からいえば、FCD500をFCD600に替えたところで、「1.15倍」にしかならないのです。

　また、「不均一」な材料ゆえ、バラツキを考慮すれば「効果なし」と判断するのが妥当な判断かと思います。

　残念！まさお君！　材料変更は不要だったかも……。

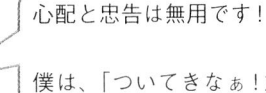

> 心配と忠告は無用です！
>
> 僕は、「ついてきなぁ！加工部品設計で3次元CADのプロとなる！(日刊工業新聞社刊)」の「**断面急変**」をすでに習得していますから、……
>
> こんな設計ミスはしませんよ！

> オイ、まさお！
> 成長したよなぁ

むしろ、最初から図表1-8-1における「FCD600」を選択しておくべきだったのではと思います。

ちょいと茶でも……

鋳鉄のランキングを重機産業分野で分析

　本書における各種材料の「部品別ランキング」は、当事務所のクライアントの協力を得て分析されています。そのクライアントとは、EV車やソーラーパネルを含む電気・電子機器関連産業が主な業種です。

　ここで、小型で軽い電気・電子機器産業を除き、少なくとも「鋳鉄」を使う小型農機や小型オフセット印刷機などの重機産業で再分析してみました。

　それが、**図表1-8-5**に示す「重機産業における鋳鉄のランキング」です。上位は不変ですが、下位のランキングは順位も異なり、信憑性が薄れるようです。ここで、「信憑性が薄れる」と理解するのではなく、「信憑性が薄れる材料は絞れる材料であり、標準化の対象である」と理解しましょう。

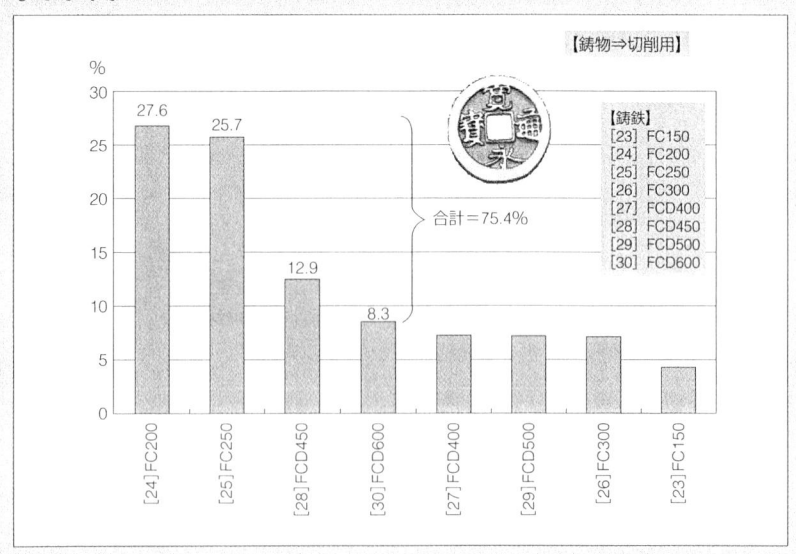

【鋳物⇒切削用】

順位	材料	割合(%)
[24]	FC200	27.6
[25]	FC250	25.7
[28]	FCD450	12.9
[30]	FCD600	8.3
[27]	FCD400	
[29]	FCD500	
[26]	FC300	
[23]	FC150	

合計=75.4%

【鋳鉄】
[23] FC150
[24] FC200
[25] FC250
[26] FC300
[27] FCD400
[28] FCD450
[29] FCD500
[30] FCD600

図表1-8-5　重機産業における鋳鉄の部品別ランキング

1-9 クロムモリブデン鋼のランキング

　クロムモリブデン鋼は、項目1-3の「合金鋼」で登場しました。また、図表1-3-1における切削用合金のランキングでは、使用頻度が低いため取り上げることができませんでした。

　そこで、本項では特別に鋳物材料として掲載することにしました。後に示す材料特性の用途をみると、その多くがエンジン部品です。恐らく、EV車全盛時代までに、この材料の適用箇所はさらに減少すると思います。

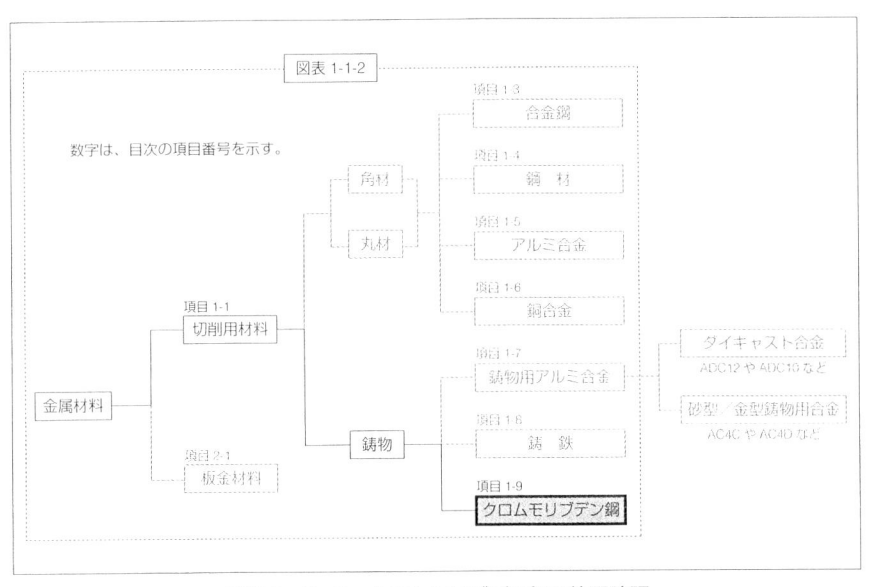

図表1-9-1　クロムモリブデン鋼の位置確認

　それでは、**図表1-9-1**で、鋳物としてのクロムモリブデン鋼の「位置」を確認しておきましょう。

1-9-1. クロムモリブデン鋼の部品点数ランキング

項目1-3で登場した図表1-3-1を、クロムモリブデン鋼のみでデータ分析して、その部品点数ランキングを図表1-9-2として掲載しました。

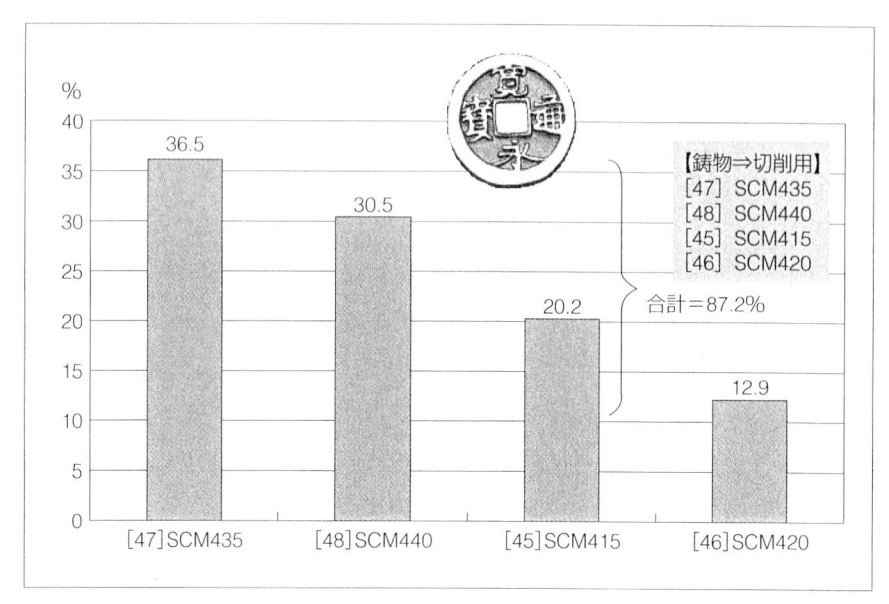

```
%
40    36.5
35                              【鋳物⇒切削用】
                                [47] SCM435
30         30.5                 [48] SCM440
                                [45] SCM415
25                              [46] SCM420
20               20.2    合計=87.2%
15
10                       12.9
 5
 0
  [47]SCM435 [48]SCM440 [45]SCM415 [46]SCM420
```

図表1-9-2 クロムモリブデン鋼の部品点数ランキング

図表1-9-2では、36.5％を占めるSCM435ですが、図表1-1-1では2.8％を占めています。アルミ合金で第1位であった「A5052」の2.6％よりも上位である理由は、やはり、廉価な「鋼材」であるためでしょう。

本書のコンセプトである「材料の標準化」から、選択された材料は、「SCM435」と「SCM440」です。

それでは、その材料特性を見てみましょう。

1-9-2. クロムモリブデン鋼のランキング別材料特性

図表1-9-3は、2種に絞ったクロムモリブデン鋼の材料特性表です。

【目安】比重:7.9 縦弾性係数:206kN/mm², 横弾性係数: 82kN/mm² 線膨張係数:11×10⁻⁶/℃ ポアソン比:0.30 熱伝導率:46W/(m・K)						C	D
No	記号	サイズ (mm) 【目安】	引張強さ (N/mm²) 【目安】	降伏点 (N/mm²) 【目安】	特徴 / 用途	コスト係数	入手性
[47]	SCM 435	− 【厚さ】 3-38 【丸鋼径】 16-300	930	785	【特徴】クロムモリブデン鋼と呼ばれる、高温環境でも強度低下しない、加工性良好、焼入れ性、溶接性、仕上り面良好、安価 【用途】シャフト、エンジン部品、ギア、金型、ピン、アーム類、自転車のフレーム	0.98	良好
[48]	SCM 440	− 【厚さ】 3-38 【丸鋼径】 16-300	980	835	【特徴】同上 【用途】クランク軸受、ナックルアーム、高強度部品	0.98	良好

図表1-9-3 クロムモリブデン鋼のランキング別材料特性表
(注意:すべての値は参考値です。各企業においては確認が必要です。)

　図表1-9-3のサイズ覧には、あえて、生材の入手可能な規格サイズを掲載しておきました。鋳物の場合は、図表1-7-3や図表1-8-2同様に「−」となります。

> **やっぱ**、何度も同じことを言うがよぉ、材料の標準化は、大工の世界では当たりめぇなんだが**よ**ぉ。
> **オメェ**ら、技術者って遅れてんじゃ**ねぇ**の?**あん**?

> 厳さん!
> 正直に言います。
>
> 今までの材料選択は先輩の図面を写し取っていただけです。

第1章 設計力アップ!切削用材料はたったこれだけ

1-9-3. Q&A：エンジンのどこに使われているのですか？

【質問】
　クロムモリブデン鋼……たいそうなネーミングですが、実は、全く聞いたことがありません。身の回りで、どんな部品に使用されているのか教えてください。(大学1年生でタイからの留学生)

【回答】
　図表1-9-4は、エンジンのクランクシャフトと、それに連結するコンロッドです。
　ところで、「エンジンって何？」という時代がすぐに訪れそうです。その前兆として、今の工学部学生は、「自動車」や「エンジン」にほとんど興味を示しません。

クランクシャフト（エンジン内部の部品）
材料候補：SCM440の鋳造

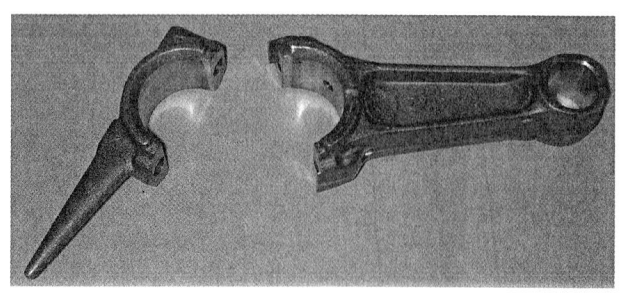

コンロッド（エンジン内部の部品）

材料候補（1）：SCM440の鋳造、もしくは鍛造
材料候補（2）：ADC12(鋳造用アルミ合金)

図表1-9-4　エンジン部品に使用されるクロムモリブデン鋼
(出典：横浜国立大学 工学部 生産工学科)

目利き力・チェックポイント

　第1章における重要な「目利き力」を下記にまとめました。理解できたら「レ」点マークを□に記入してください。

〔項目1-1：切削用材料のランキング〕
① なんでも知っている「材料オタク」ではなく、汎用材料の目利き力を養うことが「設計力アップ」となる。　□

② EV車を含む電気・電子機器の企業では、13種類の材料だけで、全部品の81.7％を占める。　□

③ EV車を含む電気・電子機器の企業では、「SUS304」の材料だけで、全部品の32.3％を占める　□

〔項目1-2：隣国企業における超低コスト化設計は材料の標準化〕
④ 低コスト化設計には、最適化設計を目指すための開発ツールが必要である。　□

⑤ 低コスト化手法の基本形は、材料の「標準化」から実施すること。　□

⑥ 量産効果の「見える化」である図表1-2-10に注目せよ！　□

⑦ 量産効果は生産数が激減すると「地獄」を味わうことになる。　□

〔項目1-3：切削用合金鋼のランキング〕

⑧ 異なった種類の金属を組み合わせて使用する場合は、慎重に選択すること。（電食） ☐

⑨ 異なった種類の金属を組み合わせて使用する場合は、「電気化学的電位」が0.35V未満であること。 ☐

⑩ 電食は、設計審査（デザインレビュー）の定型質問にすること。 ☐

⑪ 「共締め」は、機械設計の禁止手であり、「一部品一機能」が基本形である。 ☐

⑫ 電食は、めっきはがれや塗装はがれの故障モードでも考慮せよ。（インタラクションギャップを見逃すな！） ☐

〔項目1-4：切削用鋼材のランキング〕

⑬ 徹底した「材料の標準化」を目指そう！ ☐

〔項目1-5：切削用アルミ合金のランキング〕

⑭ 材料の選択は、「使用目的の明確化」が必須である。 ☐

⑮ 設計は、常に料理に置き換えることでなんでも説明できる。 ☐

〔項目1-7：鋳造用アルミ合金のランキング〕

⑯ 鋳物を除く切削用材料を、企業では生材（なまざい）と呼ぶ。　☐

⑰ 板金と樹脂は、機械系設計者の腕の見せ所である。　☐

⑱ 企業における材料の標準化は、まず、部品点数ランキングで選択し、次に生産量ランキングの確認をとっておくこと。　☐

オイ、まさお！
第1章で印象的だったことを**ゆ**ってみろ！

これは、教育的指導だ！

その1：隣国EV車の材料標準化による徹底した低コスト化活動（項目1-2-4）

その2：ドイツの材料規格が、JISの半分しかないこと。（図表1-2-8）

その3：材料オタクにならないこと。

その4：材料のQCDを把握すること。

その5：そして、下の看板です！

> 設計は、常に料理に置き換えることでなんでも説明できる。

　チェックポイントで70％以上に「レ」点マークが入りましたら、第2章へ行きましょう。

目利き力

第2章
設計力アップ！板金材料はたったこれだけ

- 2-1　板金材料のランキング
- 2-2　ステンレス板金のランキング
- 2-3　鋼板のランキング
- 2-4　厚板鋼板のランキング
- 2-5　アルミ板金のランキング
- 2-6　銅板金のランキング
- 2-7　ばね用板金のランキング

〈目利き力・チェックポイント〉

イヤー、第1章は圧巻だった**ぜぃ**！

何度も言うがよぉ、建築材料ってぇのは、標準化が**あ**ったりめえなんだよ！

オメェら、遅れてんじゃねぇの？
あん？

厳さん！
遅れているから、「材料オタク」っていうのが出現しているんです。
困ったもんです。

【注意】
第2章に記載される全ての事例は、本書のコンセプトである「若手技術者の育成」のための「フィクション」として理解してください。

第2章 設計力アップ！板金材料はたったこれだけ

2-1 板金材料のランキング

2-1-1. 板金材料の部品点数ランキング

それでは、板金材料もいきなり図表2-1-1を見てみましょう。

この図表は、当事務所のクライアントである日本企業、韓国企業、中国企業から得た「板金材料」に関する「部品点数」の情報です。クライアントとは、EV車やソーラーパネルを含む電気・電子機器関連産業が主な業種です。

> えっ！
> 板金材料だけで、37種類以上もあるのですか？

> でぇじょうぶだぁ！
> しんぺぇすんじゃねぇ。
> 学者じゃあるめぇし……
>
> しゅっちゅう使う汎用材料っていうのがあんのよ。
> 安心しなってぇ！

前記のクライアントに何度もメールを飛ばし、何度も出向き、そして無理を言って図面に記載される「材料」をインプットしてもらいました。それが、図表2-1-1の分析結果です。

なんと、材料に関する書籍やセミナーや機械雑誌で登場する約37種以上の板金材料のうち、たった8種類で全体の80.2％も占めているのです。また、切削用材料と同様に、ステンレス部品の多いことに驚愕しました。

まずは、板金材料なら何でも知っている「板金材料オタク」ではなく、
・誰でも知っている板金材料
・皆が使っている板金材料

その材料の特性を熟知する「目利き力」を持った「職人」となりましょう。

> **目利き力**
> なんでも知っている「板金材料オタク」ではなく、汎用の板金材料の目利き力を養うことが「設計力アップ」となる。

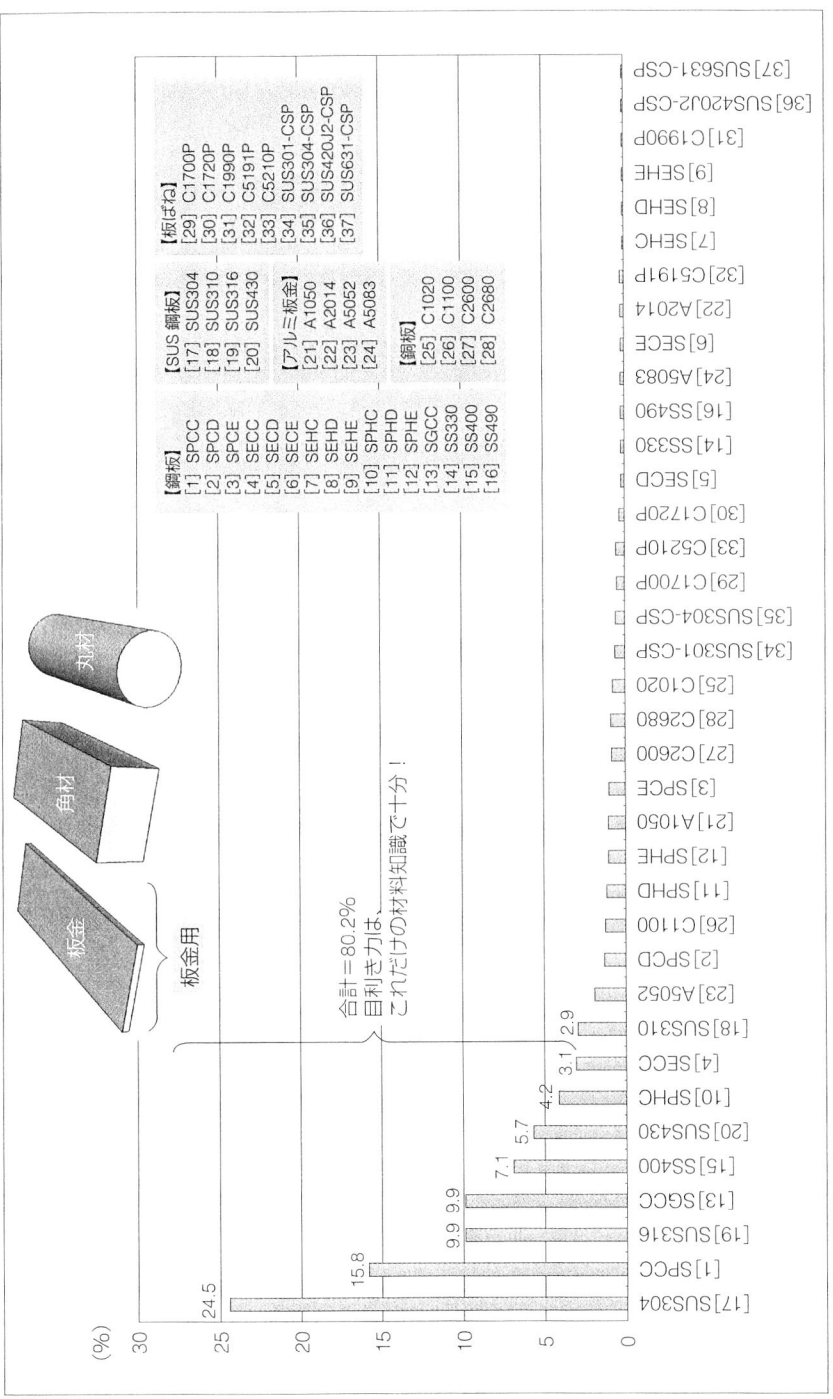

図表2-1-1 EV車を含む電気・電子機器における板金材料の部品点数ランキング

【鋼板】
[1] SPCC
[2] SPCD
[3] SPCE
[4] SECC
[5] SECD
[6] SECE
[7] SEHC
[8] SEHD
[9] SEHE
[10] SPHC
[11] SPHD
[12] SPHE
[13] SGCC
[14] SS330
[15] SS400
[16] SS490

【SUS鋼板】
[17] SUS304
[18] SUS310
[19] SUS316
[20] SUS430

【アルミ板金】
[21] A1050
[22] A2014
[23] A5052
[24] A5083

【銅板】
[25] C1020
[26] C1100
[27] C2600
[28] C2680

【板ばね】
[29] C1700P
[30] C1720P
[31] C1990P
[32] C5191P
[33] C5210P
[34] SUS301-CSP
[35] SUS304-CSP
[36] SUS420J2-CSP
[37] SUS631-CSP

板金用
合計＝80.2%
目利き力は、
これだけの材料知識で十分！

ランキング（％）:
[17] SUS304 24.5
[1] SPCC 15.8
[19] SUS316 9.9
[13] SGCC 9.9
[15] SS400 7.1
[20] SUS430 5.7
[10] SPHC 4.2
[4] SECC 3.1
[18] SUS310 2.9
[23] A5052
[2] SPCD
[26] C1100
[11] SPHD
[12] SPHE
[21] A1050
[3] SPCE
[27] C2600
[28] C2680
[25] C1020
[34] SUS301-CSP
[35] SUS304-CSP
[29] C1700P
[33] C5210P
[30] C1720P
[5] SECD
[14] SS330
[16] SS490
[24] A5083
[6] SECE
[22] A2014
[32] C5191P
[7] SEHC
[8] SEHD
[9] SEHE
[31] C1990P
[36] SUS420J2-CSP
[37] SUS631-CSP

第2章 設計力アップ！板金材料はたったこれだけ

> **目利き力**
> EV車を含む電気・電子機器の企業では、8種類の板金材料だけで、全部品の80.2%を占める。

さて、「板金材料」とは、図表2-1-2に示す範疇です。これらに関して、第1章と同じように、部品点数ランキングをもとに、実務優先の技術情報を提供していきます。

```
金属材料 ─┬─ 項目1-1 切削用材料
          │
          └─ 項目2-1 板金材料 ─┬─ 項目2-2 鋼板
                               ├─ 項目2-3 厚板鋼板
                               ├─ 項目2-4 ステンレス板金
                               ├─ 項目2-5 アルミ板金
                               ├─ 項目2-6 銅板金
                               └─ 項目2-7 ばね用板金
```

数字は、目次の項目番号を示す。

図表2-1-2　板金材料の定義と位置確認

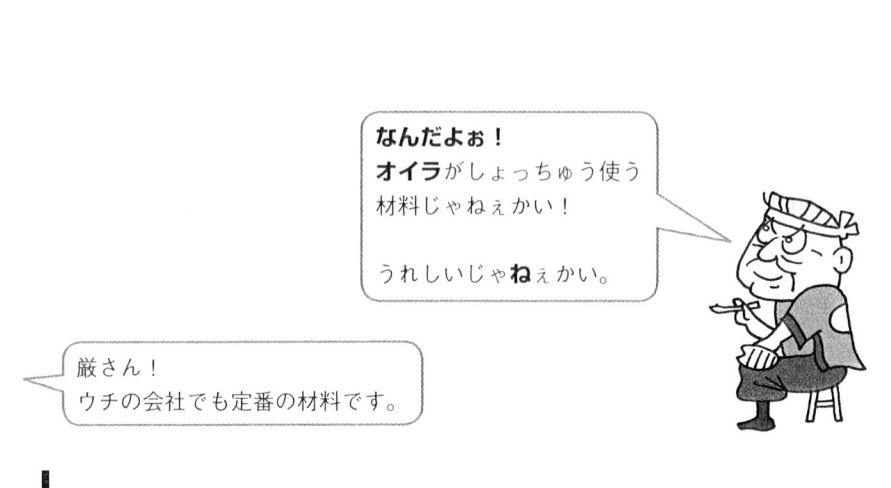

> なんだよぉ！
> **オイラ**がしょっちゅう使う材料じゃねぇかい！
>
> うれしいじゃ**ね**ぇかい。

> 厳さん！
> ウチの会社でも定番の材料です。

第1章の冒頭では、以下のセンテンスから解説が始まりました。

> 材料に関する書籍やセミナーでは、JISを基本にありとあらゆる材料を取り上げます。それを受講する若手の技術者は、もう圧倒されてしまいます。しかも、あまりの数に結局、どれを選んでよいのか、ますます困惑の境地に陥ることになります。若き日の筆者がそうでした。
> いわゆる、学問としての知識は豊富になっても、実務としては役に立たない状況が長年に渡って続いたのです。

それではもう一度、図表2-1-1を見てください。
板金材料の37種類以上もある材料から、たった8種類の材料に絞るだけで板金部品の80.2％に役立つと確信します。
もっと極端に言えば、EV車を含む電気・電子機器の場合、「SUS304」に熟知すれば、全板金部品の24.5％が設計できると言えるでしょう。
これに合致しない場合や、電子機器業界ではない場合、同じ要領で分析することが重要です。
貴社にて、ある種の板金材料がどうしても必要なら、ピザのトッピングのように追加すればよいのです。ただし、「追加」の「追加」では、再び元に戻ってしまうので、標準化のための管理が必要です。

目利き力　EV車を含む電気・電子機器の企業では、「SUS304」の板金材料だけで、全板金部品の24.5％を占める。

> オイ、まさお!
> ちょいと待ちねぇ。
> 切削用材料の32％、そして、板金材料の25％がSUS304だ!

> そうすると、技術者として真っ先に理解すべきは「SUS304」なんですね!

巌さんから、大変な名案が浮かんだようです。

それでは、第1章の図表1-1-1と本章の図表2-1-1のトップランキングを照合してみましょう。

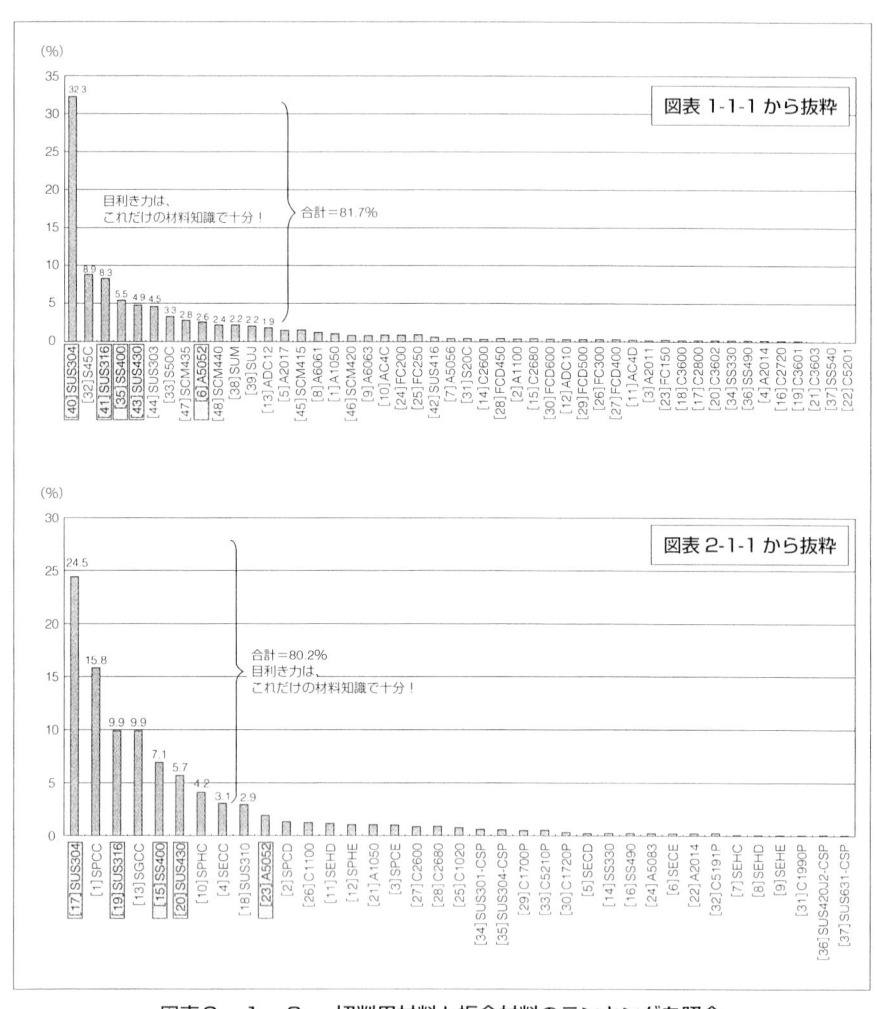

図表2-1-3　切削用材料と板金材料のランキングを照合

図表2-1-3の灰色で囲んだ材料が、切削用材料と板金材料に共通するトップランキングの材料で以下の5点です。

① SUS304
② SUS316
③ SS400
④ SUS430
⑤ A5052

なぁんだぁ！
切削/板金の共通材料としては、これだけマスターすればいいのか！

料理でいえば、米、味噌、醤油、油、肉、野菜の代表材料だけ覚えればいいんですね！

　技術者の三科目は、品質（Q：Quality）とコスト（C：Cost）と期日（D：Delivery）で、これを「QCD」と呼びます。
　したがって、材料にもQCD情報が要求されますが、前述5種の材料は「C」と「D」に関しての問題はありません。

　問題がないからトップランキングなのです。

　また、「Q」に関しては、生産性も問題ありません。生産性とは加工のしやすさです。加工性がよいからトップランキングなのです。
　つまり、前述5種の材料に関しては、それらの材料特性表に記載される下記の特性だけで十分です。

・比重
・縦弾性係数
・横弾性係数
・線膨張係数
・ポアソン比
・熱伝導率
・比電気抵抗とIACS（一部の板金のみ）
・標準材料サイズ
・引張り強さ
・降伏点／疲れ強さ／0.2％耐力／ばね限界値
・特徴／用途
・コスト係数
・入手性

オイ、まさお！
よく気がついたじゃねぇかい！
そして、まずは左記の特性だけを覚えろ！

これは命令だ！

へい！
合点承知！

第2章　設計力アップ！板金材料はたったこれだけ

繰り返しますが、本書はなんでも知っている「材料オタク」ではなく、部品点数のランキングをもとに、

・誰でも知っている材料
・皆が使っている材料

に絞りました。そして、これらの材料特性を熟知する「目利き力」をもった「職人」となることを目指しています。
本章では、板金材料に関するトップランキングから学んでいきましょう。

> **オイ、まさお！** よく聞け！
>
> EV 車をきっかけに、これからは、板金と樹脂を制することが機械設計の QCD を制することになる**ぜぃ**！

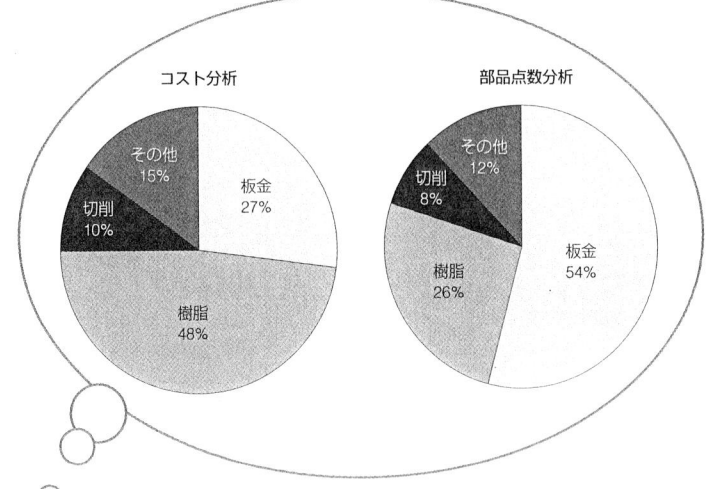

コスト分析
- 板金 27%
- 樹脂 48%
- 切削 10%
- その他 15%

部品点数分析
- 板金 54%
- 樹脂 26%
- 切削 8%
- その他 12%

> 厳さん！
> この図表 1-2-1 のデータが、それを物語っていますよね。
>
> しかし、日本の学校では、板金と樹脂のカリキュラムがありません。
> 米国の技術者が不思議がっていましたよ。

2-1-2. 板金材料のランキング別材料特性

　図表2-1-4と図表2-1-5は、図表2-1-1のランキングに従った材料特性表です。設計する際に必要な情報だけを厳選しました。
　また、図表欄の「コスト係数」をはじめ、各用語は第4章で解説します。

SUS304、SUS310、SUS316、SUS430の場合
【目安】比重:7.9　縦弾性係数:193kN/mm^2、横弾性係数:75kN/mm^2
　　　　線膨張係数:右表　ポアソン比:0.30　熱伝導率:16W/(m・K)

線膨張係数:	×10^{-6}/℃
SUS304	17.3
SUS310	16.0
SUS316	16.0
SUS430	10.4

SPCC、SGCC、SPHC、SECCの場合
【目安】比重:7.9　縦弾性係数:211kN/mm^2、横弾性係数:79kN/mm^2
　　　　線膨張係数:11.7×10^{-6}/℃　ポアソン比:0.30　熱伝導率:50W/(m・K)

SS400の場合
【目安】比重:7.9　縦弾性係数:200kN/mm^2、横弾性係数:81kN/mm^2　線膨張係数:12×10^{-6}/℃
　　　　ポアソン比:0.30　熱伝導率:45W/(m・K)

No	記号	サイズ (mm)【目安】	引張強さ (N/mm^2)【目安】	降伏点 (N/mm^2)【目安】	Q 特徴/用途（切削用と板金が混在）	C コスト係数	D 入手性
[17]	SUS 304	【厚さ】 0.3 - 6.0	520	210	【特徴】耐食性、非磁性、冷間加工の硬化で微磁性発生（磁化あり）、光沢、加工性良好、18-8ステンレス（旧称） 【用途】食品容器、洗浄用カゴ、時計部品、キッチン（厨房部品）、タンク、灰皿	3.38	良好
[1]	SPCC	【厚さ】 0.4 - 3.2	270	190	【特徴】冷間圧延鋼板、安価、加工性良好、表面きれい、寸法精度良好、塗装性良好、溶接性良好 【用途】複写機やプリンタの機構部品、シム、スペーサ、自動車部品、ワッシャ、時計やカメラの機構部品、冷蔵庫ドア、車のドア	0.75	良好
[19]	SUS 316	【厚さ】 0.3 - 6.0	520	210	【特徴】SUS304よりも耐食性向上、耐塩水、耐薬品、耐酸性、高強度、磁化少ない 【用途】医療器具の部品、時計ベルト、時計裏蓋、体温計、高級食器	4.40	良好

図表2-1-4　ランキング上位における板金材料の特性表（その1）
（注意：すべての値は参考値です。各企業においては確認が必要です。）

No	記号	サイズ(mm)【目安】	引張強さ(N/mm²)【目安】	降伏点(N/mm²)【目安】	Q 特徴/用途（切削用と板金が混在）	C コスト係数	D 入手性
[13]	SGCC	【厚さ】0.4 - 3.2	270	190	【特徴】一般にジンクと呼ばれる鋼板、溶融亜鉛めっき鋼板、耐食性、塗装性良好、接地性良好、加工性はやや劣る 【用途】シャッタ、ガードレール、空調ダクト、電気機器/冷蔵庫、洗たく機、暖房機、エアーコンディショナ、自動販売機	0.80	良好
[15]	SS 400	【厚さ】1.2 - 50	450	235	【特徴】SS材と呼ばれる中での代表格、熱処理せず生材で使用、加工性良好、溶接性良好、曲げ加工可能 【用途】エレベータの箱、ガードレール、橋梁、バス、トラックなどの大型車両、鉄道車両、容器、橋梁、屋根材、機構部品	0.82	良好
[20]	SUS 430	【厚さ】0.3 - 6.0	420	210	【特徴】加工性良好、耐食性はSUS304に劣る 【用途】厨房機器、家電部品、室外で錆びる、室内用部品	2.25	良好
[10]	SPHC	【厚さ】1.2 - 14	270	190	【特徴】熱間圧延軟鋼板、一般絞り、表面に薄い酸化皮膜あり 【用途】パイプ固定のU字ホルダー、機構部品、容器類、鋼製家具、自動車部品	0.75	良好
[4]	SECC	【厚さ】0.4 - 3.2	270	190	【特徴】電気亜鉛めっき鋼板、冷間圧延原板のSPCCと同じ機械特性、加工性良好、室内で錆びにくい、塗装性良好、亜鉛を両面に付着させ、その上にクロム酸系処理をしたもの。 【用途】家電製品の機構部品、複写機部品CD/DVD機構部品、モータケース	0.75	良好
[18]	SUS 310	【厚さ】0.3 - 6.0	520	210	【特徴】SUS316と同じ、ただし、高温強度良好 【用途】SUS316と同じ（本書のコンセプトからは削除したい。）	4.40	良好

図表2 - 1 - 5　ランキング上位における板金材料の特性表（その2）
（注意：すべての値は参考値です。各企業においては確認が必要です。）

2-1-3. 板金加工機

板金材料とは、図表2-1-2による分類の他に以下の表現があります。

- 図表2-1-6に示すプレスブレーキやレーザー切断機やタレットパンチで製造される少量生産の部品や商品の金属材料
- 図表2-1-7に示す板金プレスで製造される大量生産の部品や商品の金属材料
- 図表2-1-8に示すスポット溶接で製造される部品や商品の金属材料

などの加工機で加工する金属材料を「板金材料」といいます。

型分類	加工機	用途	月産	得手不得手	公差計算法
型不要	プレスブレーキ	・曲げ	500以下	・型がないため、一品作り。 ・500個/月≒20個/日 ・部品単価は高い ・精度は良くない	・分散加法不可 ・P-P法を使う
	レーザ切断	・外形抜き/穴抜き			
	タレットパンチ	・外形抜き/穴抜き			
単発型	プレス	・外形抜き/穴抜き ・曲げ ・絞り	3000以下	・型費安い ・リードタイム：45日ぐらい	・分散加法
総抜き型 (コンパウンド)	プレス	・外形抜き/穴抜きの同時加工	3000以上	・型費安い ・リードタイム：60日ぐらい	・分散加法
順送型	プレス	・外形抜き/穴抜き/曲げの同時加工	5000以上	・型費高い ・大量生産向け ・リードタイム：80日ぐらい	・分散加法
トランスファー型	トランスファー・プレス	・外形抜き/穴抜き/曲げの同時加工		・型費高い ・大きな絞り加工 ・リードタイム：100日ぐらい	・分散加法

図表2-1-6　少量生産用の板金加工機
(出典：ついてきなぁ！加工知識と設計見積り力で『即戦力』：日刊工業新聞社刊)

厳さん！これは知っています。
「**ついてきなぁ！加工知識と設計見積り力で『即戦力』**」で、すでに勉強しています。

オイ、まさお！
成長したじゃ**ねぇ**かい。

第2章 設計力アップ！板金材料はたったこれだけ

型分類	加工機のイメージ図	特徴
単発型	パンチ（雄型）／パンチプレート（保持部）／板金／ダイプレート（保持部）／ダイ（雌型）	・せん断、穴あけ、曲げなど各工程が独立した型となっている。ここで言う各工程を「1工程」と呼ぶ。 工程順 → 1工程 → 1工程 → 1工程 → 1工程 一度に加工できないかと思いがちであるが、板金加工は、変形を回避するために少しずつ加工する。
総抜き型		
順送型	板金	単発型を横に並べたとイメージする。材料の板金はシート状になっており、左図の左から右へ「順送」される。 シート材の送り方向／製品 各工程で、製品が常に材料に付いており、最後に切り離される。
トランスファー型	板金／搬送装置／工程毎に、一つ一つが独立した型が配置されている。	必要な材料だけを切り取り、「トランスファー」と呼ばれる金型の中を移動して、必要とされる形へと変化（＝トランスファーの意味）させていく。 　一台のプレス機の中に、各工程として独立した型が配置されている。 部品の送り方向 少しずつ加工（絞り）していく。身近な商品に「口紅ケース」、「基盤用チェッカーピン」、「携帯電話用バッテリーケース」、「痛くない注射針」などがある。 従来、パイプ材からの加工が、なんと板材から加工されるのである。

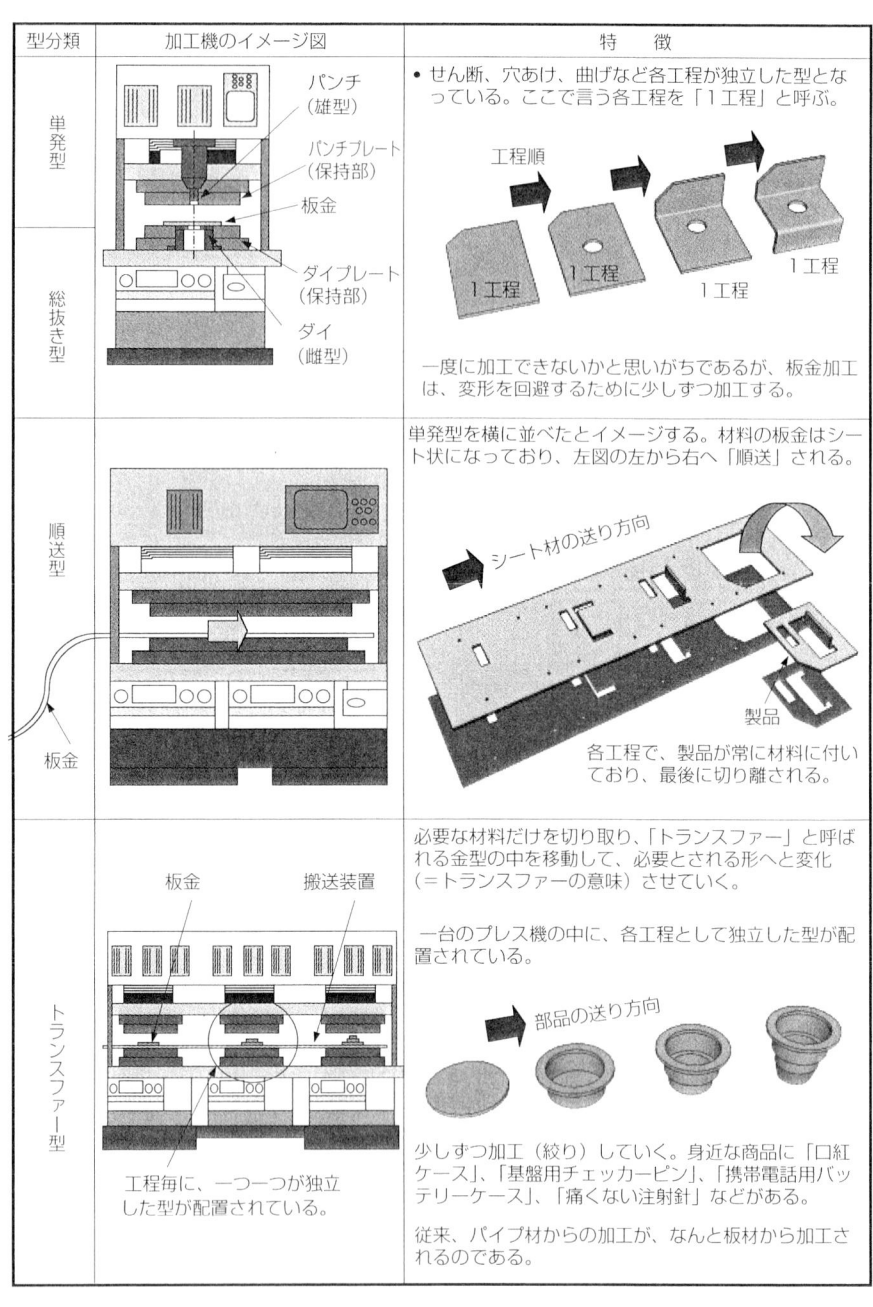

図表2-1-7　大量生産用の板金プレス機
(出典：ついてきなぁ！加工知識と設計見積り力で『即戦力』：日刊工業新聞社刊)

加工分類	加工機のイメージ図	加工された写真
スポット溶接	スポット溶接機	スポット溶接／半抜きによる位置決め／ステンレス板ばね／SECCとステンレスばねのスポット溶接

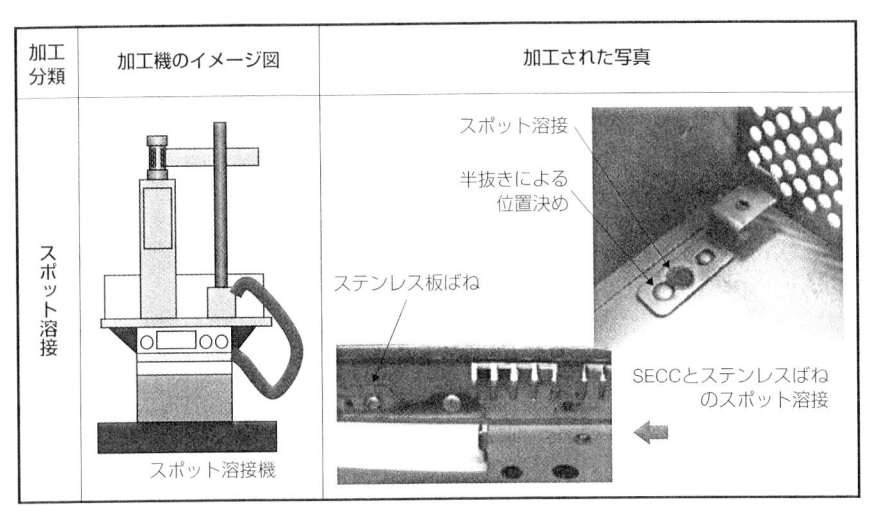

図表2-1-8　スポット溶接機の概要

　図表2-1-8は、樹脂シート同士を接合する溶着機のようなものです。一方、図表2-1-6と図表2-1-7は、いわゆる「板金加工」であり、その共通点は、図表2-1-9に示す「打ち抜き」、「曲げ」、「絞り」に集約できます。

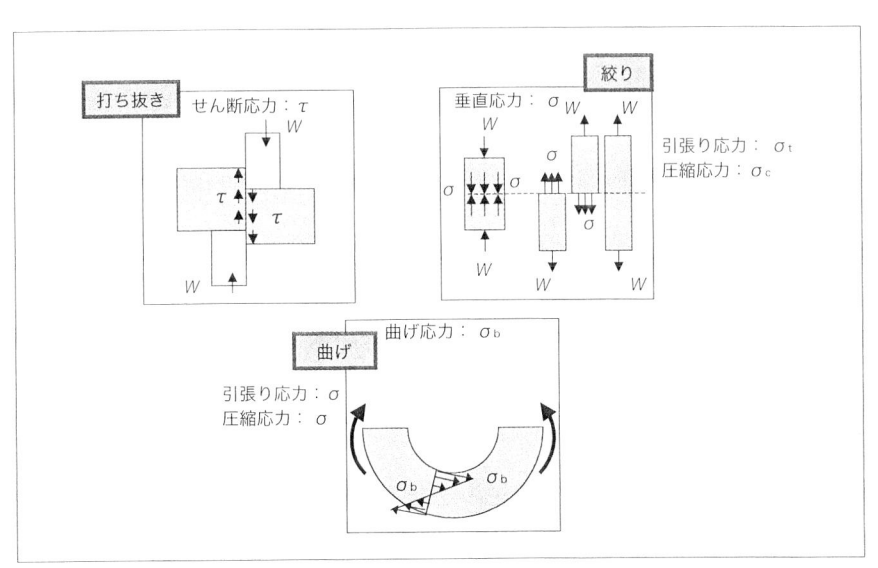

図表2-1-9　板金加工の共通点
（出典：ついてきなぁ！加工知識と設計見積り力で『即戦力』：日刊工業新聞社刊）

第2章　設計力アップ！板金材料はたったこれだけ

ちょいと茶でも……

材料力学が苦手な技術者へ

　学生でもベテラン技術者でも、「材料力学」が苦手という人が少なくありません。

　材料力学とは、金属、樹脂、木材などのあらゆる工業材料（または、機械材料）に関して、「応力、変形、ひずみ、引張り、圧縮、せん断、曲げ、たわみ、梁（はり）、ねじり、座屈、破壊、疲労強度、クリープ、安全率」などを論ずる、または、分析する学問です。

　単語だけ覚えるのも大変な苦労が必要です。もしかしたら、この苦労が理科離れ、技術者離れを導いたのかもしれません。

　さて、前述の「応力」から始まるセンテンスで、材料力学を大きく括れば、前ページの図表2-1-9を参照して、「引張り/圧縮」、「せん断」、「曲げ」、「ねじり」の学問であると筆者は考えています。

　図表2-1-10は、長年に渡る筆者の設計書の中で計算した「応力」に関するランキングです。

　材料力学が苦手な技術者は、「引張り/圧縮⇒せん断」の順で再度、勉強しましょう。これだけでも、約82点（82％）が獲得できます。

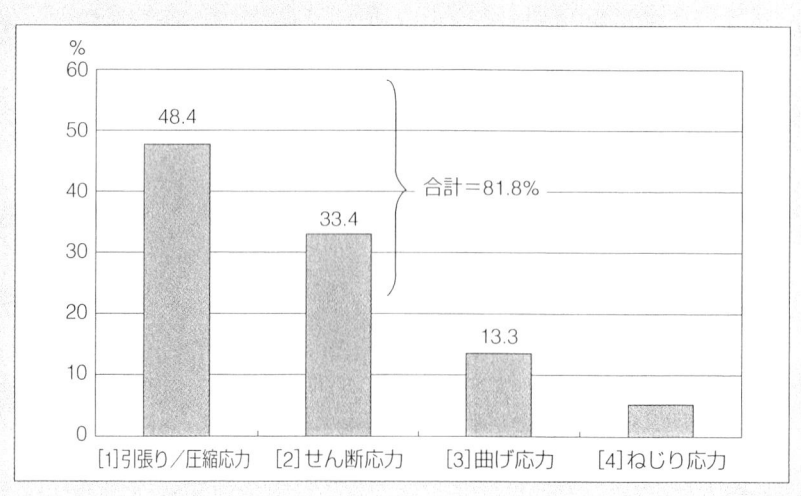

図表2-1-10　材料力学の履修における優先順位（筆者の提案）

- [1]引張り/圧縮応力：48.4%
- [2]せん断応力：33.4%
- [3]曲げ応力：13.3%
- [4]ねじり応力

合計＝81.8%

> **目利き力** 材料力学は、「引張り/圧縮」と「せん断」を優先的に再勉強しよう。

2-2 ステンレス板金のランキング

2-2-1. ステンレス板金の部品点数ランキング

　JISでは、「ステンレス鋼板及び鋼帯」と記述されている材料で、通称、企業では「ステンレス板金」と呼ばれている材料です。

　第1章の図表1-1-1で示した切削用材料のランキング第1位が「SUS304」、そして、項目2-1に掲載した図表2-1-1の第1位も「SUS304」です。EV車を含む電気・電子機器の企業なら、板金部品の24.5%が「SUS304」と分析しています。

　以下に示す厳さんと、まさお君の会話を思い出しました。

> **オイ、まさお!**
> ちょいと待ちねぇ。
> 切削用材料の32%、そして、
> 板金材料の25%がSUS304だ!

> そうすると、技術者として真っ先に理解すべきは「SUS304」なんですね!

　昔とは違う現在だから言えることです。おそらく、隣国のあの国が、工業国として躍進したことも大いに関係しているでしょう。

　それは、……

　近年、急速に一般化した稀にみる金属材料と言われているのが、ステンレス材です。その需要の目的は、「耐食性」です。SUS304よりも、さらに耐食性に優れた、SUS316や「スーパーステンレス」と呼ばれるステンレス材の需要が伸びています。常に、注目すべき材料です。

第2章 設計力アップ！板金材料はたったこれだけ

まずは、本項のステンレス板金を徹底的に理解しましょう。それでは、**図表2-2-1**を見てください。

ステンレス板金の中でも、「SUS304」は、なんと56.8％を占めています。学校の教科書や機械材料の書籍では、SUS304と並んで必ずSUS430が出現しますが、SUS430の使用比率は、たったの13.4％です。

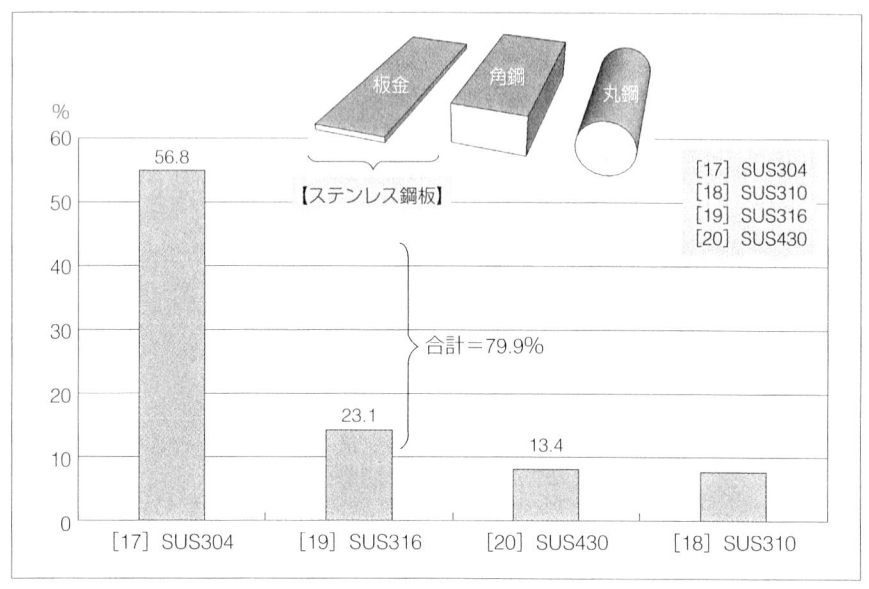

図表2-2-1　ステンレス板金の部品点数ランキング

本データ分析に協力していただいた当事務所のクライントでは、「SUS430」が第1位という企業もありました。その理由が、後に示す「コスト係数」からきています。いわゆる、「材料コスト」からの選択です。

QCDを吟味し、どうしても「SUS430」が必要ならば、理解はできますが、後に示すSUS304が採用される理由も理解してほしいと思います。

安ければいいってもんじゃないですよね。隣の厳さん！

2-2-2. ステンレス板金のランキング別材料特性

図表2-2-2は、ランキング順に並べた材料特性表です。特に、CAE（コンピュータを用いた設計支援）解析に必要な情報を厳選しています。

さて、図中における各種材料の差異に蛍光ペンでマークしてください。そこが、「設計力アップ」部分となります。

【目安】比重：7.9　縦弾性係数：193kN/mm^2、横弾性係数：75kN/mm^2	線膨張係数：×10^{-6}/℃	
線膨張係数：右表　　ポアソン比：0.30　熱伝導率：16W/(m・K)	SUS304	17.3
	SUS316	16.0
	SUS430	10.4

No	記号	サイズ (mm) 【目安】	引張強さ (N/mm^2) 【目安】	降伏点 (N/mm^2) 【目安】	Q 特徴／用途 （切削用と板金が混在）	C コスト係数	D 入手性
[17]	SUS 304	【厚さ】 0.3-6.0	520	210	【特徴】耐食性、非磁性、冷間加工の硬化で微磁性発生（磁化あり）、光沢、加工性良好、18-8ステンレス（旧称） 【用途】食品容器、洗浄用カゴ、時計部品、キッチン（厨房部品）、タンク、灰皿	3.38	良好
[19]	SUS 316	【厚さ】 0.3-6.0	520	210	【特徴】SUS304よりも耐食性向上、耐塩水、耐薬品、耐酸性、高強度、磁化少ない 【用途】医療器具の部品、時計ベルト、時計裏蓋、体温計、高級食器	4.40	良好
[20]	SUS 430	【厚さ】 0.3-6.0	420	210	【特徴】加工性良好、耐食性はSUS304に劣る 【用途】厨房機器、家電部品、室外で錆びる、室内用部品	2.25	良好

図表2-2-2　ステンレス板金のランキング別材料特性表
（注意：すべての値は参考値です。各企業においては確認が必要です。）

もう一度、図中のSUS304とSUS430を見てみましょう。それぞれのコスト係数は、「3.38」と「2.25」で、材料単価からは、SUS430を選択しがちです。この場合筆者は、図表1-2-2のトータルコストデザインの見直しを指導しています。

> そうだよなぁ！
> なんでもかんでも安いもん選ぶから
> よぉ、社告リコールが絶えねぇんだよ。

つまり、最適材料とは、単品の材料コストだけではなく、トータルコストデザインから判断します。
例えば、いくつかの判断としては、以下の三つがあると推定されます。

① ニッケルめっきが環境問題で禁止になりつつあり、その代替えを耐食性に優れた「SUS304」が担っている。
② 図表に記載される通り、「SUS430」は耐食性に劣る。
③ 「SUS430」の材料費は安くても、使用目的によっては、図表1-2-2に掲載されるトータルコストデザインに劣る場合がある。

いずれにしても、上位2種の材料特性を把握すれば、「設計力アップ」としては十分だと思います。SUS430を含めて、上位3種にするか否かは企業として決定します。
しかし、これを繰り返していくと再び、もとに戻ってしまいます。一度は、思いきった「標準化」にトライアルしてみることが肝要です。

2-2-3. Q&A：ボルタの電池は悪魔の電池（電食の恐怖）

【質問】
　ステンレスって錆びるんですか？
　どこかの複写機で、「ステンレス板が錆びて火災事故が発生し、数百億円の損失を出した」と、○○というサイトに書き込みがありました。

　もし、そうだとしたら、詳しく教えてください。
　あっ！すいません。事件のことではなく、技術のことで教えてください。よろしくお願いします。（大学院生）

【回答】
　この質問は、項目1-3-3に記載される質問内容と全く同じです。また、同、項目1-3-3の最後に、
『あえて、腐食電池に関しての解説はここで終了します。近年、腐食電池の中でも特に、ステンレスの錆に関するトラブルが続出しています。
　したがって、重要なステンレスの錆に関しては、復習を兼ねて第2章の項目2-2でも解説します』と記述しました。

それでは、項目1-3-3を復習してください。そして、本項では別の切り口から「電食」を解説します。

　さて、電食でトラブルが続出しているステンレス鋼、およびステンレス板金ですが、その語源から紐解いてきましょう。図表2-2-3を見てみましょう。

```
SUS : Stainless Used Steel
SUS : ステンレス【stainless】　　【stain】　＋　【less】
　　　　　　　　　　　　　　　　しみ　　　～しにくい
　　　　　　　　　　　　　　　　汚れ
```

図表2-2-3　ステンレスの語源

　ステンレスの語源からは、「錆びない」とは訳せません。「汚れにくい」と訳せば、キッチンやフェンスなどの周辺商品からも納得できます。

　次に、技術的な解説に入ります。
　腐食に強いはずのステンレス材も弱点を持っています。

　それは、「粒界腐食」です。

　工業用鉄鋼のほとんどが、炭素（C）を含んだ炭素鋼か鋳鉄です。鉄を強くするにはどうしても必要な元素が炭素です。鉄の結晶格子の間に炭素原子があると、それが楔（くさび）の役目を果たして、結晶面がずれにくくなります。
　そして当然のように、ステンレス材にも炭素は含まれていて、それが「粒界腐食」に拘わってきます。この腐食は、結晶粒界に添ってステンレス材の奥まで進んでいくので、「粒界腐食」といわれています。
　たとえばステンレス材を溶接すると、そこから腐食が始まる場合が多く、原子力発電所などで大きな事故を引き起こした原因となっています。

　溶接部だけでなく、せん断、曲げ、絞りなど板金加工のすべては、「加工硬化」を伴います。金属に応力を与えると、塑性変形によって加工した部分が硬化するので、その部分を「加工硬化」と呼びます。また、「粒界腐食」が発生する部分でもあります。

> **目利き力** すべてのステンレス材が、加工硬化部分で錆びる。これを「粒界腐食」と呼ぶ。

　ステンレス材の弱点は、「粒界腐食」による錆びの発生だけではありません。
　ステンレス材を加工すると酸化クロム膜を再生するためにクロム（Cr）が表面に出てしまい内部の含有率が低くなります。すると相対的に鉄（Fe）の含有率が高くなり、磁性が生じます。
　「加工硬化」した部分が磁化するのです。例えば、マグネットセンサとステンレス材の組み合わせのある商品は誤動作なきことの確認が必要です。

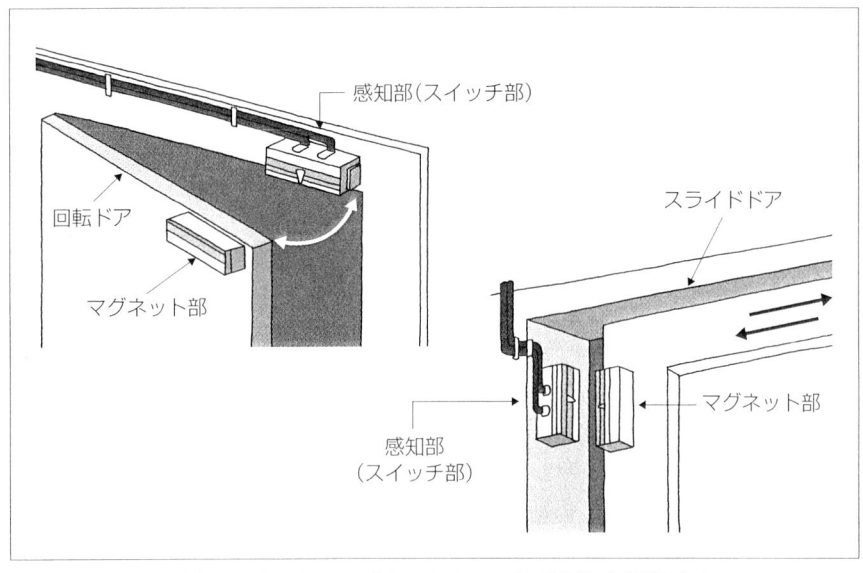

図表2-2-4　マグネットスイッチを使用した開閉ドア

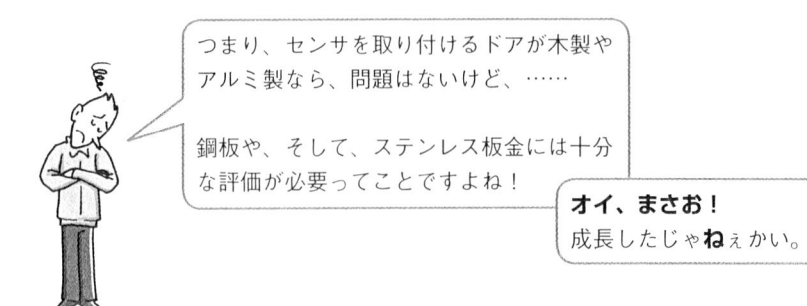

> つまり、センサを取り付けるドアが木製やアルミ製なら、問題はないけど、……
>
> 鋼板や、そして、ステンレス板金には十分な評価が必要ってことですよね！

> オイ、まさお！
> 成長したじゃねぇかい。

> **目利き力**　すべてのステンレス材が、加工硬化部分で磁化する。マグネットセンサなどを使用するときは十分な確認が必要である。

　ステンレス材の「錆」と「磁化」に関する解説の次は、本項のタイトルである「電食」に話を戻しましょう。
　第2章は、「板金材料」に関して解説していますが、「板金」といえば、「溶接」です。溶接時に気をつけなくてはならない情報が、第1章の図表1-3-5と図表1-3-7、そして、以降に示す「目利き力」です。それでは復習を兼ねて、まさお君にレクチャーしてもらいましょう。

発行番号 020904	設計標準規定	文書番号 20××-16-054
改定番号 220927	Active Design Office	No. ADO-101-21
関連文書 ADO-110	タイトル スポット溶接について	頁 55

5-4．接合可能な金属

　類似した二つの金属を溶接する場合、良質なスポット溶接を得るためには、その溶接面の汚れを除去すること。
　また、二つの組成の異なる金属でも、特に注意を払えば十分溶接できる。しかし、電食効果による腐食を最小にするために、イオン化傾向の互いに近い材料を選ぶこと。

　イオン化傾向が強い：K＞Na＞Ca＞Mg＞Al＞Cr＞Zn＞Cd＞
　　　　　　　　　　　Fe＞Co＞Ni＞Sn＞Pb＞H＞Cu＞Hg＞Ag＞Au：弱

板金を溶接する場合、……

特に、「スポット溶接」の場合は、図表1-3-5の注意書きを読めってことですよね！

その通りだぁ！
次があっただろうがぁ。
そん次を言え！
これは命令だ！

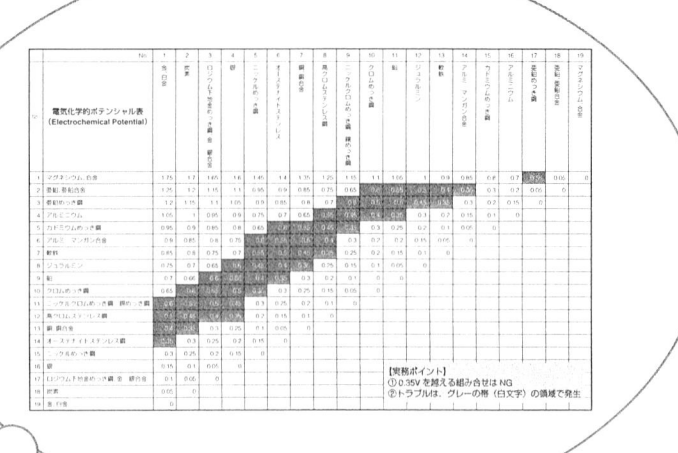

次は、図表1-3-7で確認します。

オイ、まさお!
よく勉強しているじゃねぇかい。
感心、感心。

そんじゃ**よぉ**、最後は、下の「目利き力」で締めろ!

目利き力　異なった種類の金属を組み合わせて使用する場合は、「電気化学的電位」が0.35V未満であること。

目利き力　電食は、設計審査(デザインレビュー)の定番質問にすること。

ちょいと茶でも……

めっきの恐怖

　電食に拘わる筆者の失敗事例を解説します。それは、「めっきの恐怖」です。
　図表2-2-5は、電線をコネクトする「ファストン端子」です。
　これは自動車業界でよく使用していますが、近年、重電機や家電品業界でも使用しています。
　図の上部に示すように、市販されているファストン端子のプラグ（オス）とレセプタクル（メス）をそのまま使用する場合は、特に問題はないのですが、図の下部に示すように、市販品ではないプラグの代役をステンレス板金（SUS304）で形成する場合があります。

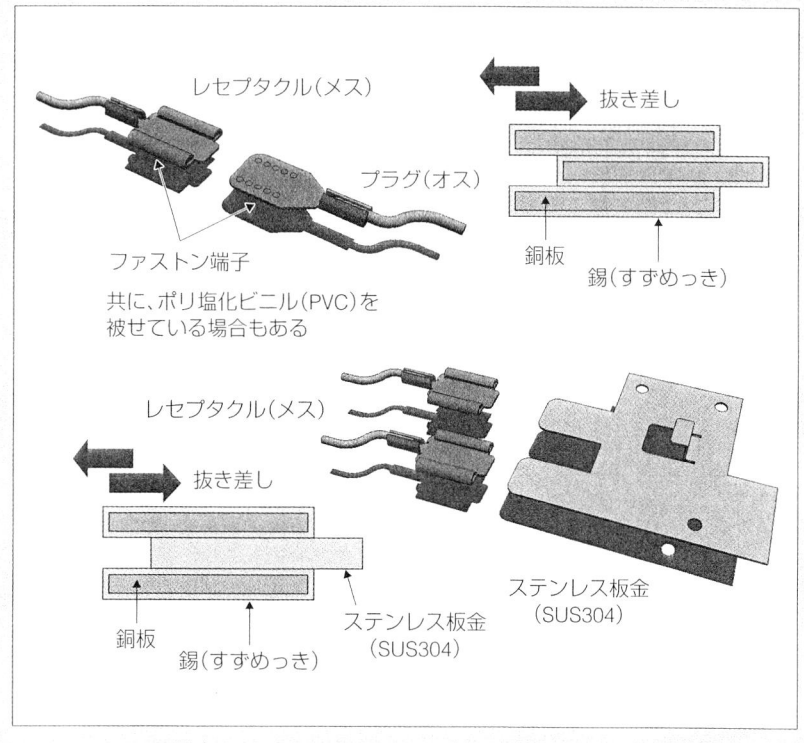

図表2-2-5　ファストン端子の異例な使い方

ファストン端子の抜き差しは通常「3回」と、筆者は先輩から教わりました。図表2-2-5の上部の場合、何度も抜き差しが行われると、プラグかレセプタクルのどちらかの錫（すず）めっき層がはがれて、銅板がむき出しになります。
　このとき、銅板と錫の組み合わせになりますが、第1章の図表1-3-7による電位差は「0.2V」です。したがって、0.35V未満であるため、電食の問題はないと設計的に判断します。

　次に、図表2-2-5の下部の場合、ファストン端子のレセプタクル（メス）は市販品を使用し、プラグ（オス）はステンレス板金という構成をOA機器や家電品の多箇所で観察しました。

　この場合、ステンレス板はSUS304というオーステナイト系ステンレスでしたので、図表1-3-7による錫との電位差は、「0.25V」であり、錫めっきがはがれた場合の銅板との電位差は「0.05V」と、ともに0.35V以下であるため、問題ないと判断しますが、……

　そうすると、前述した第1章の図表1-3-3で説明した社告・リコールは発生していないことになります。

　ここで、本項における冒頭のセンテンスを見てみましょう。
　小中学校で、「ステンレスは錆びない」と教わった方々も多いのではないでしょうか？小中学生は、これでもよいかと思いますが、技術者ならば、「すべてステンレスは錆びる」、そして、「すべてのステンレスは磁石につく」と理解してください。

　つまり、ステンレス板（SUS304）を錆びる軟鉄と考えれば、図表1-3-7による銅板との電位差は、「0.45V」となります。結露の多い環境下や電解質溶液に浸る場合は、ステンレス板と銅の組み合わせは避けた方が無難です。

　そして、「めっきの恐怖」を忘れずに！あっ、「塗装の恐怖」も。

前述は、ステンレス板金の事例として解説していますが、第1章の「ステンレス鋼」でも同じです。ステンレス材は、「加工硬化」の部分が非常に錆びやすいと言われています。特に、SUS304などのオーステナイト系ステンレスは、「加工硬化」が激しいので注意が必要です。

　それでは、第1章と重複しますが、下記にまとめましょう。

---
① 加工硬化を発生したステンレスは、その部分が錆びる。
② 二つの金属が重なる環境下で、結露が発生する。
③ 二つの金属が重なる環境下で、電解質溶液に浸る。
④ ①②③のとき、ステンレスは、図表1-3-7において「軟鉄」を選択する。
⑤ 結露しない場合や電解質溶液に無関係の場合は、図表1-3-7において「ステンレス」を選択できる。

　「めっきの恐怖」や「塗装の恐怖」は、ステンレス材とその相手となる材料の表面から「めっき」や「塗装」がはがれ、その母材とステンレスが重なることで電食を発生させる事例です。

　このような現象は、「インタラクションギャップ」に注力することで未然防止することができます。「インタラクションギャップ」に関する詳細は、書籍「ついてきなぁ！失われた『匠のワザ』で設計トラブルを撲滅する！」（日刊工業新聞社刊）をご覧ください。

　第1章、項目1-3-3の下記「目利き力」を、本項でも掲載します。

目利き力
電食は、めっきはがれや塗装はがれの故障モードでも考慮せよ。
（インタラクションギャップを見逃すな！）

　近年、腐食電池の中でも特に、ステンレスの錆に関するトラブルが続出しています。したがって、電食やステンレスの錆に関しては、第1章の項目1-3-3、および本項でも再度、取り上げました。何度か読み返すことをお勧めします。

2-3 鋼板のランキング

　筆者の若い頃は、「板金」といえばステンレス板金ではなく、なんといっても「SPCC」でした。JISでは、「冷間圧延鋼板及び鋼帯」と記述されている材料です。
　今後も、環境問題を中心に鋼板材料を含む全ての材料に関して、ランキングは大きく入れ替わることが予想されます。常に最新情報の入手が肝要です。

　さて、その環境問題をきっかけに樹脂部品を板金部品に戻す企業も増えてきました。かつて、低コスト化を求めて、切削部品や板金部品を樹脂部品へと置き換えてきた日本企業ですが、環境保全を重視して、樹脂部品を板金部品へと戻している場合が少なくありません。

　以下に、板金が見直されている理由をまとめました。

---

① 生産性：樹脂は3～10spm、板金は30～150spmで樹脂の約10倍の生産性である。高速なら100～1000spm[注]
（注：spm：ストローク／分の意味）
② 精度：四季を通じて精度が安定している。型の温度制御は、樹脂ほどうるさくはない。
③ 材料供給：樹脂に比べ、世界の工業国で安定供給されている。
④ 環境：ライフサイクルアセスメントにて良好である[注]。
（注：部品誕生から、廃却、リサイクルまで環境にやさしい材料であるという意味）

目利き力　環境問題をきっかけに、樹脂部品から板金部品への置き換えが始動している。

オイ、隣のまさお！よく聞け！
地球環境のために、板金が見直されているのは、美しい話じゃ**ねぇかい**！**あん**？
それからよぉ、酒とビールは瓶に限る**ぜぃ**！

2-3-1. 鋼板の部品点数ランキング

項目2-1に掲載した図表2-1-1で、「SPCC」は、第2位の15.8％でした。しかし、図表2-3-1に示すように、鋼板の中ではダントツの41.3％を占めています。

相変わらず根強い材料だと思います。しかし、項目2-3でも記述したように、環境問題に絶えず注目することが肝要です。たとえば、「SECCクロム（Cr）フリー鋼板」の使用が増加しています。

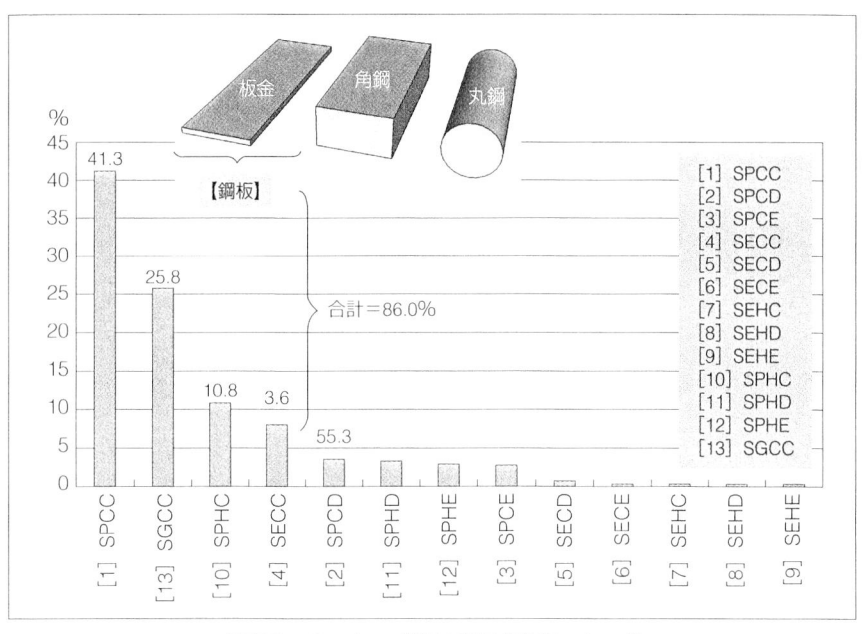

図表2-3-1　鋼板の部品点数ランキング

できれば、図表2-3-1を参考に、貴社における上位3種で、材料の標準化にトライアルしてみてください。

隣の厳さん！
まさか、「**ついてきなぁ！加工知識と設計見積り力で『即戦力』**」のときみたいに「第2升！」なんて言わないでくださいよ！

2-3-2. 鋼板のランキング別材料特性

　図表2-3-2は、図表2-3-1のランキングに基づく鋼板の材料特性表です。数値からは、素材間に大きな差異を読み取れません。次に、「特徴/用途」欄で差異にマーカーを付してください。それが、「設計力アップ」の箇所です。

【目安】比重：7.9　縦弾性係数：211kN/mm^2、横弾性係数：79kN/mm^2　線膨張係数：11.7×10^{-6}/℃
ポアソン比：0.30　熱伝導率：50W/(m・K)

No	記号	サイズ (mm) 【目安】	引張強さ (N/mm^2) 【目安】	降伏点 (N/mm^2) 【目安】	Q 特徴 / 用途 (切削用と板金が混在)	C コスト係数	D 入手性
[1]	SPCC	【厚さ】 0.4 - 3.2	270	190	【特徴】冷間圧延鋼板、安価、加工性良好、表面きれい、寸法精度良い、塗装性良好、溶接性良好 【用途】複写機やプリンタの機構部品、シム、スペーサ、自動車部品、ワッシャ、時計やカメラの機構部品、冷蔵庫ドア、車のドア	0.75	良好
[13]	SGCC	【厚さ】 0.4 - 3.2	270	190	【特徴】一般にジンクと呼ばれる鋼板、溶融亜鉛メッキ鋼板、耐食性良好、塗装性良好、接地性良好、加工性はやや劣る 【用途】シャッタ、ガードレール、空調ダクト、電気機器／冷蔵庫、洗たく機、暖房機、エアーコンディショナ、自動販売機	0.80	良好
[10]	SPHC	【厚さ】 1.2 - 14	270	190	【特徴】熱間圧延軟鋼板、一般絞り、表面に薄い酸化皮膜あり 【用途】パイプ固定のU字ホルダ、機構部品、容器類、鋼製家具、自動車部品	0.75	良好
[10]	SECC	【厚さ】 0.4 - 3.2	270	190	【特徴】電気亜鉛めっき鋼板、冷間圧延鋼板のSPCCと同じ機械特性、加工性良好、室内で錆びにくい、塗装性良好、亜鉛を両面に付着させ、その上にクロム酸処理をしたもの。 【用途】家電製品の機構部品、複写機部品 CD/DVD機構部品、モータケース	0.75	良好

図表2-3-2　鋼板のランキング別材料特性表
（注意：すべての値は参考値です。各企業においては確認が必要です。）

　SPCCは表面がきれいで塗装に最適とか、SECCは、SPCCよりも錆びにくいからSPCCは室内向け、SECCは室外向けと一般的に言われています。

しかし、前者の塗装ですが、塗装技術や塗料自体も進化していることを忘れないでください。また、後者の錆びにくさでも、どれほどの差異か確認してください。

ここで、素材に拘ることも一理ありますが、一度、思い切った標準化にトライアルしてみてください。失敗も大きな成果です。
一流の食材を用いて、一流の料理を作るのが一流の料理人です。また、一般的な食材で一流の料理を作ることができるのも一流の料理人です。
設計も同じです。
最高の材料で最高の設計を施すことは、今やどこの工業国の技術者でもできることです。設計とは、限られた材料で最高の設計を提供する。これが、プロの設計者です。

> **目利き力**
> 設計とは、限られた材料で最高の設計を提供する。これが、プロの設計者である。

2-3-3. Q&A：SPCCの熱伝導率が存在しない？

【質問】
　各種の書籍やセミナーなどで、以下のような解説に何度も泣かされました。
① その素材は、引張強さも降伏点も存在しません。
② JISでは、その特性は規定されていません。
③ この材料は、強度関連の規定しか規定されていません。したがって、○○に関する材料の特定ができません。
（建設業会社の執行役員）

【回答】
　本書は、材料毎に設計に不可欠な「材料特性」を掲載しています。
　例えば、前ページの図表2-3-2に鋼板ランキング第1位の「SPCC」がありますが、その「引張強さ」も「降伏点」も「熱伝導率」も多くの書籍で記載されていません。材料メーカーや材料研究に携わる、いわゆる、材料の専門家達にとってこれは当然なのかもしれませんが、筆者のような「職人」は非常に困ります。料理の世界で、このような回答では料理は作れません。

それでは早速、料理から例えてみましょう。

煮るのか、冷水にひたすのか、食べ合わせで害になるのか否か、それらがわからないまま料理する料理人がいるでしょうか？　薬品はどうでしょうか？　アマゾンの森林の奥深くに、ガンなどの難病に効くらしい樹液や草花があったとしても、新薬を正体不明のまま人体には用いません。一方、副作用があっても薬を投与しなければなりません。

職人は、「規定がない」、「特定されない」ではなく、決めなければならないのです。

話をもとに戻しましょう。

SPCCの「引張強さ」も「降伏点」も「熱伝導率」は、物性値からは存在しません。しかし、図表2-3-2にはすべてを記載しました。企業では、前者を「物性値」、後者を「設計値」と呼んでいます。

たとえば、「SPCC」の熱伝導率に関する物性値の規定はありませんが、「設計値として50W/(m・K) を使う」と表現します。

なんらかの特性値がなければ、設計はできないし、デザインレビュー（設計審査）も実行できません。決めなければならないのです。これが「職人」の世界です。

> **目利き力**　企業において、材料特性には、「物性値」と「設計値」がある。材料の「物性値」が存在しなくても、「設計値」は存在する。

だったら聞くがよう、「物性値」がわからないまま、計算はどうしていたんだよう！
オイ、正直に言ってみやがれ！

これは命令だ！

実は、……
計算していません。または、化学成分表を見て「似通った材料」を探して、その値と同じだろうってことで、……。
厳さん、お願いです！
怒らないでください。

べらんめぇ〜！

フン！何が3次元CADだ、FMEAだ、設計審査だ！
この**金食い虫**めが！……**あん**？

トラブルばかり出しやがって……。
何度も人様の家財や、お命までも奪い**や**がって！
これが**よ**ぉ、オメェらの「成果主義」かい？**あん**？

厳さん、怒らないでとお願いしたじゃないですか！
トホホ……。

2-3-4. Q&A：エレベータの材料事件について教えてください

【質問】
　ある日の夕刻に、エレベータの材料に関するショッキングなニュースが流れました。詳しく教えてください。（特殊車両製造の技術者）

【回答】
　前ページで、まさお君が気になる発言をしています。

　実は、……
　計算していません。または、化学成分表を見て「似通った材料」を探して、その値と同じだろうってことで、……。
　厳さん、お願いです！怒らないでください。

　機械材料の書籍で必ず掲載されるのが、JISにも掲載されている次頁以降に示す化学成分表です。今や、Web検索すれば無料で容易に入手できる情報です。これを書籍にわざわざ掲載する時代ではありません。
　若き日の筆者は、先輩技術者から「化学成分表を見るな！」と教わりました。筆者が材料メーカーや材料研究者ではなく設計者なら、その成分表をみて安易に材料の特性を推定することを禁止したのです。

書籍や、特に最近はWeb上の技術Q&Aでは、

『まぁ、その成分表から、A材料とB材料の特性はほぼ同じでしょう。』

と無記名の投稿が随所にみられますが、もしこれらの質疑応答を食品や化学の専門家が知ったら、きっと天地が逆転するくらい驚愕するでしょう。機械設計とはなんと大雑把でいい加減な職業かと……。
　それでは、以上に関わる事件を紹介しましょう。

ある日の夕刻に、Webニュースで下記の事件が報道されました。

　2002年9月から2007年6月に製造したF社製エレベータの「カゴ枠（**図表2-3-3**）」等に、本来使用するべき「SS400鋼板」よりも強度の低い「SPHC板金」が使用されていることが判明した。

　「SPHC板金」が使用されている対象物のエレベータは、12,727台であった。そのうち560台は、建築基準法の定める基準に対して、大幅な強度不足が見込まれる。

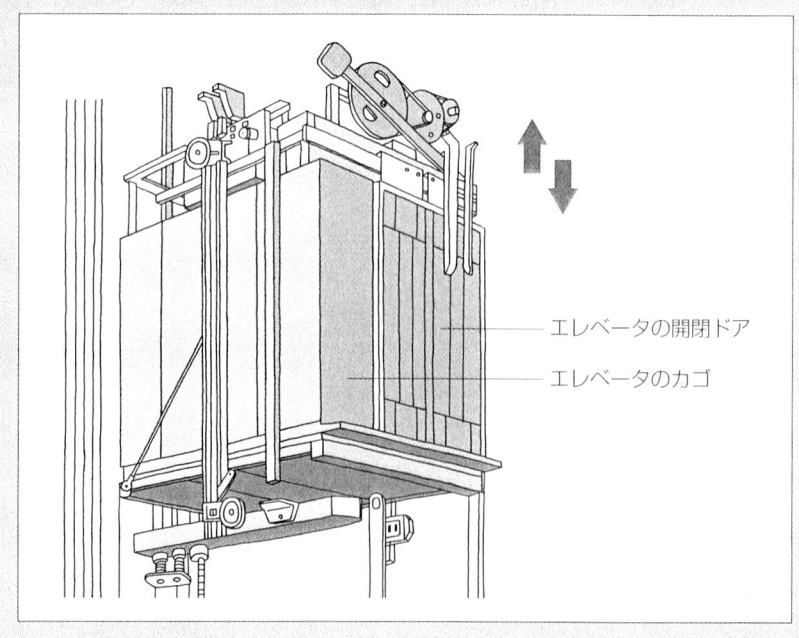

図表2-3-3　エレベータのカゴ

図表2-3-4の上段は、前述の問題となった「SS400」と「SPHC」の化学成分表です。また、下段には参考として、図表2-1-1のランキング第1位の「SUS304」と第5位の「SUS430」の化学成分表も掲載しました。

単位：wt %

材料	C	Mn	P	S
SS400	—	—	0.050以下	0.050以下
SPHC	0.15以下	0.60以下	0.050以下	0.050以下

単位：wt %

材料	C	Si	Mn	P	S	Ni	Cr
SUS304	0.08以下	1.00以下	2.00以下	0.045以下	0.030以下	8.00〜10.50	18.00〜20.00
SUS430	0.12以下	0.75以下	1.00以下	0.040以下	0.030以下	—	16.00〜18.00

図表2-3-4　材料の化学成分表

それでは、問題の「SS400」と「SPHC」を対比してみましょう。図表2-3-4を見ると「SS400」の成分「C（炭素）」と「Mn（マンガン）」には「-」となっています。これは、「C」や「Mn」が入っていないと意味ではなく、含有％がJISにて規定されていないという意味です。

そうすると、残りの成分である「P（リン）」と「S（硫黄）」の両者含有％が全く同じということで、「SS400」と「SPHC」は、ほぼ同じ特性であろうと自己判断する場合や、指導している場合が見られます。

それでは、図表2-3-5で両者の材料特性を見てみましょう。その前に、図表2-1-1で両者のランキングを確認しておきましょう。

・SS400：ランキング5位で7.1 %
・SPHC：ランキング7位で4.2 %

5位と7位、差異のない微妙なランキングです。

SPCC、SGCC、SPHC、SECCの場合
【目安】比重：7.9　縦弾性係数：211kN/mm^2、横弾性係数：79kN/mm^2　　線膨張係数：11.7×10^{-6}/℃
ポアソン比：0.30　熱伝導率：50W/(m・K)

SS400の場合
【目安】比重：7.9　縦弾性係数：200kN/mm^2、横弾性係数：81kN/mm^2　　線膨張係数：12×10^{-6}/℃
ポアソン比：0.30　熱伝導率：45W/(m・K)

No	記号	サイズ (mm) 【目安】	引張強さ (N/mm^2) 【目安】	降伏点 (N/mm^2) 【目安】	特徴 / 用途 (切削用と板金が混在)	コスト係数	入手性
[15]	SS400	【厚さ】1.2 - 50	450	235	【特徴】SS材と呼ばれる中での代表格、熱処理せず生材で使用、加工性良好、溶接性良好、曲げ加工可能 【用途】エレベータの箱、ガードレール、橋梁、バス、トラックなどの大型車両、鉄道車両、容器、屋根材、機構部品	0.82	良好
[10]	SPHC	【厚さ】1.2 - 14	270	190	【特徴】熱間圧延軟鋼板、一般絞り、表面に薄い酸化皮膜あり 【用途】パイプ固定のU字ホルダ、機構部品、容器類、鋼製家具、自動車部品	0.75	良好

図表2 - 3 - 5　　SS400とSPHCの特性比較（図表2 - 1 - 5より抜粋）

　図表2 - 3 - 5から「SS400」と「SPHC」は、その特性上から全く別材料であることが判明しました。材料変更によるコストダウン（0.75／0.82×100 = 91％）に、目がくらんだのでしょう。

　ところで、本書にて厚板鋼板として分類した「SS400」は、後述するその中では第1位の93.8％であり、鋼板として分類した「SPHC」は、図表2 - 3 - 1の中では第3位の10.8％となっています。ここで筆者が言いたいことは、標準化を推進していれば、今回の事件発生の確率は減っていたと確信しています。
　なぜなら、鋼板を上位2種（67.1％）に標準化していれば、SPHCは存在していないことになります。選択されることがありません。

　次に、参考として、「SUS304」と「SUS430」を比較してみましょう。もう一度、図表2 - 3 - 4を見てください。ほぼ同じ化学成分であるとも言えるし、全く異なるとも言えます。専門家でないと判断できません。

それでは、**図表2-3-6**の材料特性表を見てみましょう。

【目安】比重：7.9　縦弾性係数：193kN/mm²、横弾性係数：75kN/mm²　　　　線膨張係数：右表　　ポアソン比：0.30　　熱伝導率：16W/(m・K)		
	線膨張係数：×10⁻⁶/℃	
	SUS304	17.3
	SUS430	10.4

線膨張係数：×10^{-6}/℃

SUS304	17.3
SUS430	10.4

No	記号	サイズ (mm)【目安】	引張強さ (N/mm²)【目安】	降伏点 (N/mm²)【目安】	Q 特徴/用途（切削用と板金が混在）	C コスト係数	D 入手性
[17]	SUS 304	【厚さ】 0.3 - 6.0	520	210	【特徴】耐食性、非磁性、冷間加工の硬化で微磁性発生（磁化あり）、光沢、加工性良好　　【用途】食品容器、洗浄用カゴ、時計部品、キッチン（厨房部品）、タンク、灰皿	3.38	良好
[20]	SUS 430	【厚さ】 0.3 - 6.0	420	210	【特徴】加工性良好、耐食性はSUS304に劣る　　【用途】厨房機器、家電部品、室外で錆びる、室内用部品	2.25	良好

図表2-3-6　SUS304とSUS430の特性比較（図表2-2-2より抜粋）

まず、両者は異なる特性であると見た方が妥当のようです。

項目2-2-2では、

> 『SUS430を含めて、上位3種にするか否かは企業として決定します。しかし、これを繰り返していくと再び、もとに戻ってしまいます、一度は、思いきった「標準化」にトライアルしてみることが肝要です。』

と解説しました。

トライアルとは、実験を繰り返し、「実績」を積み重ねることです。努力なしにデータだけで「標準化」は達成できません。また、漠然と「標準化」を開始するより、データ解析にて効率のよいスタートラインに立つことも肝要です。

それでは、「設計力アップ」のために、話を事件に戻しましょう。

下記は、前述した記事の続きです。

> F社の資材部の担当者は、ある時点でSS400の発注に対し、SPHCが納入されている事実を認識していた。そして、以下の事実が判明した。
>
> ① 資材担当者は、鋼材の知識を十分に持ち合わせていなかった。
> ② 同、両鋼材の違いがよくわからない。
> ③ 以前からSPHCが納入されていた。
> ④ SPHCがSS400に代替できることを材料メーカーの担当者から聞かされていた。
> ⑤ 資材担当者は、この勧めに対して上司に何の報告もしていなかった。

①から⑤までのすべてが、なさけなく思います。ちょっと調べればわかることですが、これが食品や薬品とは異なり、心の底に甘さが残っているのだと思います。

化学成分表からの安易な材料特性の推定は、このような事件を発生する場合があります。機械技術者も、食品や薬品に携わる技術者同様、慎重な判断が必要と思います。

目利き力　材料の化学成分表から材料特性を推定することは、ナンセンスである。食品や薬品業界同様に、慎重な判断が必要である。

> 厳さん！
> 松茸を採ってきました。
> 今晩は、これで一杯とはいかがですか？

> ちょいと待ちねぇ、まさお！
> そっ、それは、もしや
> 毒キノコではあるめぇな？

2-4 厚板鋼板のランキング

「板金」といえば、項目2-3に示したSPCCやSGCCを意味します。特に、電気・電子機器産業でその板厚は、0.5 ～ 3.2 mmをいいます。

しかし、商品の大きさや質量（重さ）が電気・電子機器よりも大きいエレベータや自動車、トラック、鉄道車両、製造機械、造船などの構造用鋼板となると、3.2 mm以上の鋼板も多用されます。

JISでは「一般構造用圧延鋼材」と記述されている材料は、通称、「厚板鋼板」や「SS材」と呼ばれている材料です。後者の「SS材」が企業ではよく使われる用語です。

2-4-1. 厚板鋼板の部品点数ランキング

図表2-4-1を見てみましょう。前項の「エレベータの材料事件」で話題となった「SS400」が第1位でなんと93.8 %を占めています。

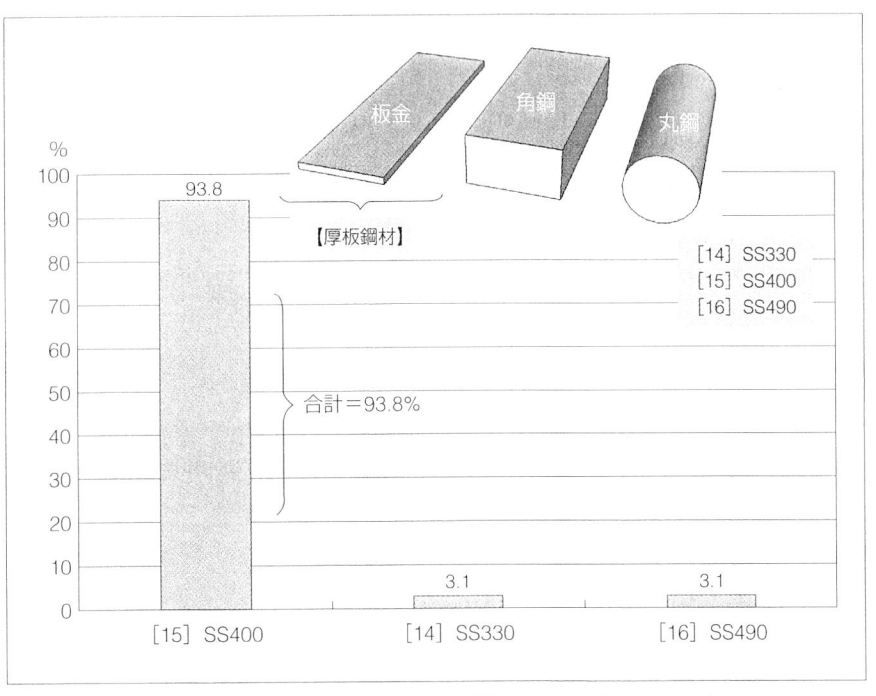

【厚板鋼材】
- [14] SS330
- [15] SS400
- [16] SS490

合計＝93.8%

[15] SS400	[14] SS330	[16] SS490
93.8	3.1	3.1

図表2-4-1　厚板鋼板（SS材）の部品点数ランキング

図中では、「SS400」と「SS330」と「SS490」が存在していますが、本書のコンセプトからは、「SS400」のみに熟知すればよく、この場合は、一本化への標準化も容易ではないかと思います。ぜひ、トライアルしてみましょう。

2-4-2. 厚板鋼板のランキング別材料特性

　SS400は、厚板鋼板（SS材）の中で92.5％を占めるので、**図表2-4-2**では、思いきってこの1種類の掲載にしました。
　この表の用途欄を見ると、電気・電子機器業界よりも、「人の安全」に深く関わる商品、例えば、エレベータやガードレールやバス、鉄道車両、屋根材に採用されていることがキーワードとなりそうです。

【目安】比重：7.9　　縦弾性係数：200kN/mm^2、横弾性係数：81kN/mm^2　　線膨張係数：12×10^{-6}/℃
　　　　ポアソン比：0.30　　熱伝導率：45W/(m・K)

No	記号	サイズ (mm) 【目安】	引張強さ (N/mm^2) 【目安】	降伏点 (N/mm^2) 【目安】	特徴／用途 （切削用と板金が混在）	コスト係数	入手性
[15]	SS 400	【厚さ】 1.2-50	450	235	【特徴】SS材と呼ばれる中での代表格、熱処理せず生材で使用、加工性良好、溶接性良好、曲げ加工可能 【用途】エレベータの箱、ガードレール、橋梁、バス、トラックなどの大型車両、鉄道車両、容器、橋梁、屋根材、機構部品	0.82	良好

図表2-4-2　鋼板のランキング別材料特性表
（注意：すべての値は参考値です。各企業においては確認が必要です。）

目利き力　厚板鋼板の材料は、「SS400」の一本に絞ってみよう。

2-4-3. Q&A：SPCCとSS400の違いはなんですか？

【質問】
　鋼板のランキング第1位で、47.6％のSPCCと、厚板鋼板（SS材）のランキング第1位で93.8％のSS400の違いを教えて下さい。（住宅産業の生産技術者）

【回答】
　それぞれの分野でのランキングは前述のとおりですが、ここで図表2-1-1によって、もう一度、全体のランキングから見てみましょう。

　SPCCの全体ランキングは第2位で15.8％、同、SS400は第5位で7.1％です。部品点数として、SPCCは圧倒的な採用です。

> 図表2-1-1の全体のランキングってこれですよね？

> ウーム！
> 小さすぎて**わ**っからん。

　ここからは、復習を兼ねて解説していきます。
　SPCCとは、JISでいえば「一般冷間圧延鋼板」のことで、板厚は0.5mmから3.2mmのものがよく用いられます。また、曲げや絞り加工などのプレス加工を伴う場合が多く見られます。

　一方、SS400とは、JISでいえば「一般構造用圧延鋼材」で、板厚3.2mmを越える場合で曲げの少ない部品によく使われています。SS400は曲げ加工をしない」という方がいますが、それは昔のことで、現在は、そんなことはありません。道路のガードレールを思い出してください。断面が「W」型をしている板金が「SS400」で製造されています。

第2章　設計力アップ！板金材料はたったこれだけ

次に、**図表2-4-3**で両者の違いを探してみましょう。下記の空白を記述してみてください。SPCC ⇒ SS400の順になっています。

- サイズ　　　　：　　　mm　　　⇒　　　mm
- 横弾性係数：　　　kN/mm^2　⇒　　kN/mm^2
- 引張り強さ：　　　N/mm^2　⇒　　N/mm^2
- 降伏点　　　：　　　N/mm^2　⇒　　N/mm^2
- コスト係数：　　　　　　　　⇒

以上の5項目です。

さらに、第1章の切削用鋼材である「SS400」も復習しておいてください。

SPCC、SGCC、SPHC、SECCの場合
【目安】比重：7.9　縦弾性係数：211kN/mm^2、横弾性係数：79kN/mm^2　線膨張係数：11.7×10^{-6}/℃
ポアソン比：0.30　熱伝導率：50W/(m·K)

SS400の場合
【目安】比重：7.9　縦弾性係数：200kN/mm^2、横弾性係数：81kN/mm^2　線膨張係数：12×10^{-6}/℃
ポアソン比：0.30　熱伝導率：45W/(m·K)

No	記号	サイズ (mm) 【目安】	引張強さ (N/mm^2) 【目安】	降伏点 (N/mm^2) 【目安】	Q 特徴/用途 (切削用と板金が混在)	C コスト係数	D 入手性
[1]	SPCC	【厚さ】 0.4 - 3.2	270	190	【特徴】冷間圧延鋼板、安価、加工性良好、表面きれい、寸法精度良い、塗装性良好、溶接性良好　【用途】複写機やプリンタの機構部品、シム、スペーサ、自動車部品、ワッシャ、時計やカメラの機構部品、冷蔵庫ドア、車のドア	0.75	良好
[15]	SS 400	【厚さ】 1.2 - 50	450	235	【特徴】SS材と呼ばれる中での代表格、熱処理せず生材で使用、加工性良好、溶接性良好、曲げ加工可能　【用途】エレベータの箱、ガードレール、橋梁、バス、トラックなどの大型車両、鉄道車両、容器、橋梁、屋根材、機構部品	0.82	良好

図表2-4-3　SPCCとSS400の特性比較

2-5 アルミ板金のランキング

2-5-1. アルミ板金の部品点数ランキング

　JISでは、「アルミニウム及びアルミニウム合金の板及び条」と、記述されている材料で、通称、企業では「アルミ板金」と呼ばれている材料です。

　図表2-5-1で57.4％を占め、堂々の第1位は、「A5052」です。「ゴーマル・ゴーニー」と企業では呼んでいます。「A」は呼び名からは省略される場合が多いと思います。ニックネームのようなものです。

　さて、項目2-1に戻って、図表2-1-1を見てみましょう。
　EV車を含む電子機器の企業なら、板金図面のたった2.1％が「A5052」を材料としています。「板金」という材料の中で、アルミ材の部品点数は非常に少ないと思います。

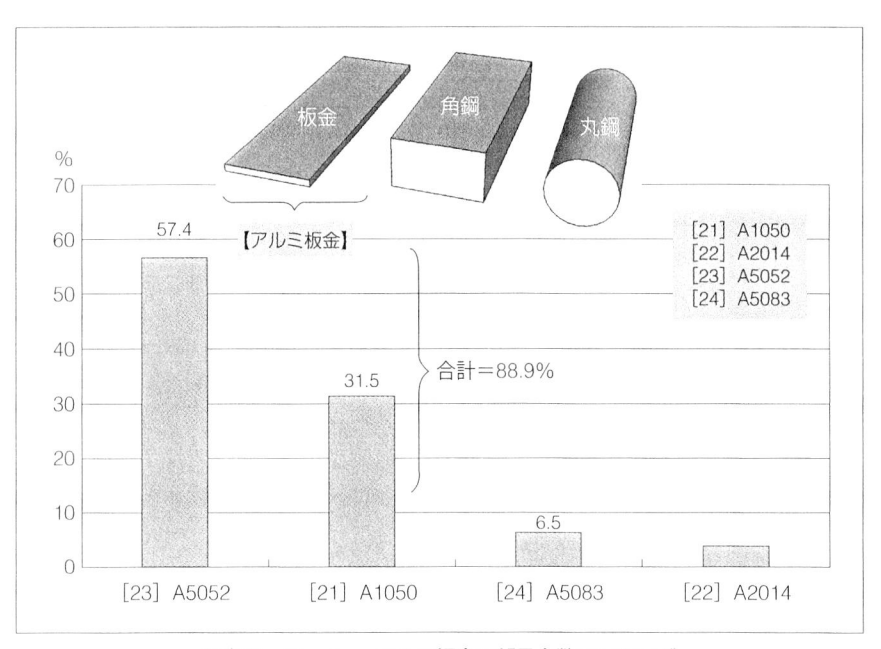

図表2-5-1　アルミ板金の部品点数ランキング

　使用される部品点数が少ない理由は、次に示すその用途からも推定できると思います。ただし、電気・電子機器業界から見た場合です。

2-5-2. アルミ板金のランキング別材料特性

　図表2-5-2は、ランキング順に並べた各材料の特性表です。下図における二つの材料ですが、コスト係数に相違はありませんが、熱伝導率、引張り強さ、疲れ強さに大きな差異が見られます。この差異が、「特徴／用途」の欄にも明確に表現されています。そこにマーキングすることが、「設計力アップ」となります。

【目安】比重：2.7 縦弾性係数：70kN/mm^2、横弾性係数：25kN/mm^2 線膨張係数：24×10^{-6}/℃
　ポアソン比：0.33 熱伝導率（A5052）：135W/(m・K) 熱伝導率（A1050）：220W/(m・K)

No	記号	サイズ(mm)【目安】	引張強さ(N/mm^2)【目安】	疲れ強さ(N/mm^2)【目安】	Q 特徴/用途（切削用と板金が混在）	C コスト係数	D 入手性
[23]	A5052	【厚さ】0.3-6.0	255	120	【特徴】耐海水性、耐食性、加工性良好、中強度　【用途】船舶内装、車両、ドア、フェンス、飲料缶、カメラ部品、、パネル、看板、缶蓋	3.65	良好
[21]	A1050	【厚さ】0.3-6.0	100	40	【特徴】低強度、溶接性良好、深絞り性良好、加工性良好、耐食性　【用途】放熱フィン、反射板、照明器具、装飾品、ネームプレート	3.65	良好

図表2-5-2　アルミ板金のランキング別材料特性表
（注意：すべての値は参考値です。各企業においては確認が必要です。）

　この図表における用途欄を見ると、ドアやフェンスなどの建築用や、放熱フィン、反射板などの電気・電子機器の部品や特殊な用途に限定されていることがわかります。

　また、コスト係数にも着目しましょう。

　鋼板のSPCCのコスト係数は「0.75」でしたが、アルミ板金は約5倍の「3.65」に跳ね上がっています。

> **目利き力**　アルミ板金の材料は、「A5052」と「A1050」の2本に絞ってみよう。

2-5-3. Q&A：鋼材とアルミ材の締め付けトルクって違うの？

【質問】
　ある部品を軽量化のために、板金のSPCCからアルミ板金のA5052へ変更しました。ところが、ねじの締め付けトルクの変更を忘れたため、生産ラインで「ねじばか」が多発し、上司にこっぴどく叱られました。

鋼板とアルミ板のねじの締め付けトルクは異なるのでしょうか？
（オフセット印刷機の設計者）

【回答】
　筆者は度々、技術と技術者を料理と料理人に例えて説明しています。
　一生懸命に作った料理も残ってしまう場合が多々ありますが、そのようなとき、料理本ではカラー写真入りで、この料理の場合は、「冷凍保存」、これは「冷蔵保存」、これは「常温保存」と細かく、誰にでも理解できるように記述されています。
　また、無料で閲覧できるWeb上のQ&Aサイトもとても親切です。

　ところが工学系、特に材料系の書籍は、材料特性（Q）の情報だけで、CもDもその記述がほとんどありません。ましてや、加工法や加工後の組み立てに至るフォローは皆無と言っても過言ではありません。

　そこで、最近はそれを補うようにWeb上の無記名によるQ&Aサイトが盛んですが、決まって出現するセリフが「まぁ、それはそれで……」という具合に、上から目線で「まぁ」という単語から説明が開始されます。また、ちょっと気に食わない質疑応答があると定番の罵り合いです。

　本書は、「はじめに」でも述べましたが、親切な料理本を目指しており、初めて、設計側から情報を発信しています。

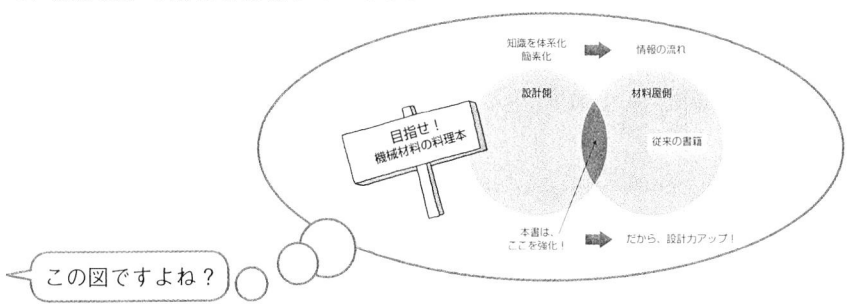

この図ですよね？

第2章　設計力アップ！板金材料はたったこれだけ

それでは、親切な料理本を目指して、鋼材とアルミ材における締め付けトルクを解説します。まず、**図表2-5-3**でねじの種類から理解しましょう。

ねじの種類	外観形状	簡単な説明
フォーミング		・ねじ端部の面がおむすび形状（三角形）となっている。この形状により、理想的なめねじ加工とねじ込みが可能となっている。
小ねじ		・日曜大工店でも販売されている一般的なねじ。
セムス		・「ねじ＋平ワッシャ」、「ねじ＋ばねワッシャ」、「ねじ＋平ワッシャ＋ばねワッシャ」がセットになっている。 ・セットになっているため、組立て作業の効率が向上する。
六角ボルト		・日曜大工店でも販売されている一般的なねじ。 ・ねじの頭が正六角形となっている。
TP		・ねじ頭部に皿ばねワッシャ形状の大きな座面を有する。 ・これにより、緩み止め機能を有する優れたねじである。
デルタイト®		・前述のフォーミングねじであり、ねじ専門メーカーであるC社の商標登録品。 ・ねじ先端部にガイド用のテーパをつけ、その円周上の3個所に数山にわたってスプーン状にえぐられた凹部を設けてある。 ・塑性変形によってめねじを成形するねじであり、やっかいな切り子（材料のカス）が出ない。
止めねじ		・例えば、ハウジングの中にシャフトを挿入する場合、ハウジング側からの止めねじでシャフトを固定するときに使用する。 ・先端形状は、平面、山形、半球状など各種ある。

図表2-5-3　各種のねじとその特徴

第1章の図表1-2-8で、日本の材料規格の種類は、ドイツの倍でした。そして、ねじの多さにも閉口します。

材料同様に、ねじに関してもランキングや標準化の行為は、「設計力アップ」になり、低コスト化の基本です。日本に多種のねじが存在しているからこそ、皆さんの会社でねじの「標準化」を推進しましょう。

> **目利き力** 「設計力アップ」と「低コスト化」のために、ねじの標準化にもチャレンジしよう。

それでは、解説に入ります。

図表2-5-4は、ねじの種類別とめねじの材料別による「締め付けトルクの推奨値」です。めねじの材料別といっても「鋼材」と「アルミ材」の区別しかありません。樹脂用のデータがないのが残念ですが、後の解説に期待してください。

【めねじ側の材料が鋼材のときの締め付けトルク】

・数字は、トルク〔N・m〕を示す。公差：±10％
・ねじの「はめあい長さ」は、JISを参照のこと。

ねじの種類	M2	M2.5	M3	M4	M5	M6	M8
フォーミング			1.0	2.6	5.3	8.7	21
小ねじ セムス 六角ボルト	0.3	0.6	0.9	2.3	4.6	7.6	18
TP デルタイト			0.9	1.8	4.6		
止めねじ			0.9	2.3	4.4	8.0	19

【めねじ側の材料がアルミ材のときの締め付けトルク】

・数字は、トルク〔N・m〕を示す。公差：±10％
・ねじの「はめあい長さ」は、JISを参照のこと。

ねじの種類	M2	M2.5	M3	M4	M5	M6	M8
フォーミング 小ねじ セムス 六角ボルト TP	0.15	0.3	0.5	1.3	2.5	4.2	10
デルタイト				0.9	1.8		
止めねじ				0.6	1.4	3.2	5.5	14

図表2-5-4　各種のねじとめねじの材料別による締め付けトルクの推奨値
(すべての値は参考値です。各企業においては確認が必要です)

図表2-5-4で注意すべきことは、以下の3点です。

① 数値のバラツキは、±10％であること。
② ねじとめねじの「はめあい長さ」は、JIS規格を参照のこと。
③ めねじの材料に樹脂がないこと。（残念です。後述に期待！）

上記②の「はめあい長さ」ですが、**図表2-5-5**で理解してください。

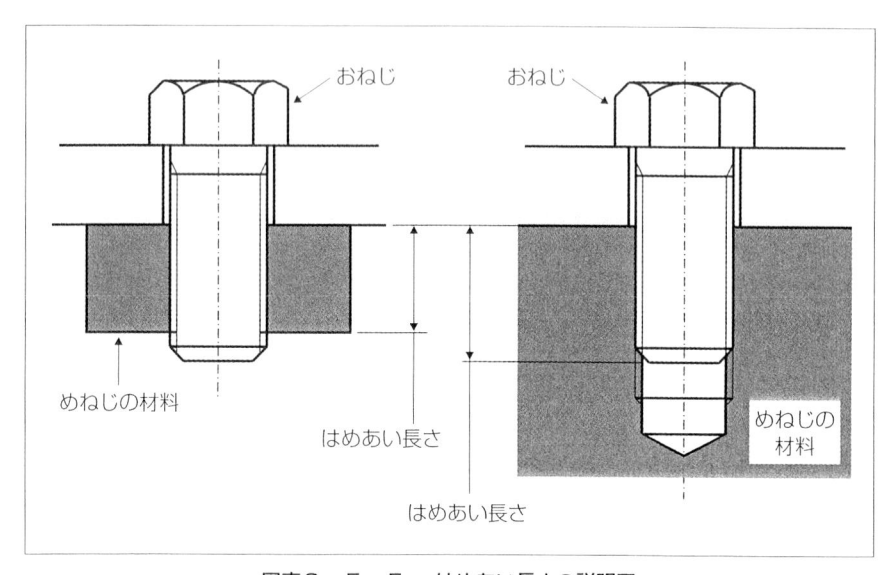

図表2-5-5　はめあい長さの説明図

次に、「はめあい長さ」の課題ですが、Web上のQ＆Aサイトを検索すると以下のように何種類もの回答が出てきます。

① はめあい長さは、ねじ山で「3山以上」が必要
② はめあい長さ≧$0.6 \times d$（d：ねじのM数、M5ならば$d=5$）
③ はめあい長さ≧$0.8 \times d$（d：ねじのM数、M5ならば$d=5$）
④ はめあい長さは、同じMのナットと同じ厚さ分が必要

一体、どれを選んでよいものか？これが匿名によるQ＆Aサイトの弱点です。発信情報の責任が問われないからです。「文責」という単語が見つかりません。

再び、料理と料理人に例えましょう。
　皆さんが飲食店の料理人であり、不幸にして食中毒を発生した場合、管轄の機関に質問されます。
　『この食材は、どこから入手したのですか？』
　『さぁ？これがいいと食材に詳しい知人に教わりました』と回答しますか？それとも、
　『JAS規格（日本農林規格）を扱っている〇×物産からの購入です。』
　どちらを選択しますか？　加害者ではなく、被害者の立場で選択してください。

　話をもとに戻しましょう。

　『人身事故を起こした原因の「はめあい長さ」は、どうやって決めましたか？』
　『無料Q＆Aサイトの匿名さんからの情報です』
　『今、それを見せていただけますか？』
　『あっ、ない！抹消されています！』

　この問答を加害者ではなく、被害者の立場で考えてください。
　では、本書としてねじの「はめあい長さ」をどう決定するかですが、下記のようにまとめました。

---

① はめあい長さ $\geq 0.8 \times d$　（d：ねじのM数、$M5$ならば$d=5$)
　この式は、筆者および、当事務所のクライアントの多くが、設計の「目安」として利用していました。いわゆる「慣例」です。
② 重要箇所には、「JIS　B＊＊＊＊」に準拠する。
③ 社内規定に準拠する。

　「はめあい長さ」が原因で、人身事故や火災事故が起きた場合、長さを決定した根拠が求められます。そのときの回答が「慣例による」というよりも、「JISに準拠した」の方が説得できます。

　ねじの「使用目的の明確化」を確定し、人身事故や火災事故が起こりえる箇所には「JIS」を、そうでない箇所は「慣例」を推奨します。
　そして、企業に勤務する技術者ならば、上記③を選択してください。社内規定がない場合は、規定作りを急ぐべきです。材料の標準化と同じ行為です。

さて、図表2-5-4は多すぎるねじに対応した細かすぎる推奨値の一覧表でした。そして残念なことに、めねじが樹脂の場合がありません。

そこで、筆者は長年、**図表2-5-6**を使用しています。ねじの種類を選ばず便利ですが、あくまでも推奨値であり、設計上の「目安」として利用してください。樹脂データもあります。

「目安」とは、前述した「はめあい長さ」も、貴社に実績がない限りは十分な「実験（もしくは実証）」が必要です。その実験の開始点が「目安」の値です。

有効利用をお願いします。

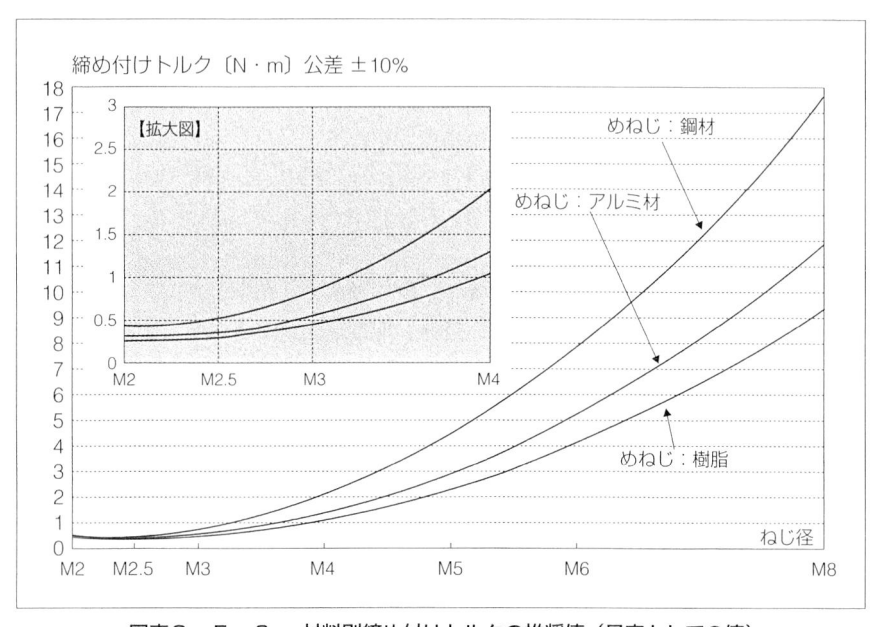

図表2-5-6　材料別締め付けトルクの推奨値（目安としての値）
（注意：すべての値は参考値です。各企業においては確認が必要です。）

> いやー、なかなか気の利いたデータじゃねぇかい。あん？
>
> いずれも、確認行為が必要ってことよ！

> 厳さん！
> それって、職人の基本姿勢ですよね。

ところで本書は、無料のＱ＆Ａサイトを非難していません。2007年問題をきっかけに職場でのOJTが薄れた現在、とても重宝なサイトであり、筆者も「目安」として有効活用しています。

　ぜひ、賢い利用方法を考え、存続してもらいたいと思います。

> **目利き力** 材料別締め付けトルクは、図表２-５-６を推奨する。

> **目利き力** ねじの「はめあい長さ」は、① ≧ $0.8 \times d$　② JIS 規格　③社内規定……この内から目的に応じて選択すること。

　本書は、「はじめに」でも述べましたが、親切な料理本を目指しており、初めて、設計側から情報を発信しています。
　まだまだ、不親切な部分が多々あると思います。皆様からは、忌憚のないご意見をお願いします。巻末の「書籍サポート」をご覧ください。

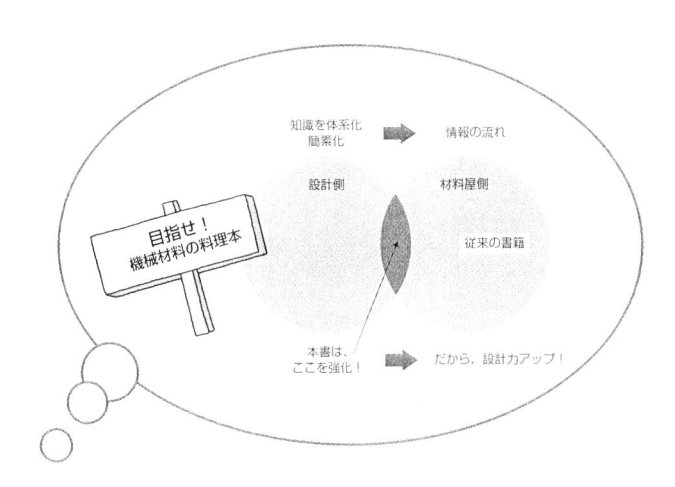

目指せ！
機械材料の料理本

知識を体系化
簡素化 → 情報の流れ
設計側　材料屋側
　　　　従来の書籍
本書は、ここを強化！ → だから、設計力アップ！

この図表ですよね？

2-6　銅板金のランキング

　銅合金（どうごうきん）と呼ぶと馴染みは薄く、なんとなく重くてコスト高というイメージです。しかし、「黄銅（おうどう）」や「真鍮（しんちゅう）」といえば、逆によく聞く単語かと思います。
　例えば、インテリアとして使われる真鍮製品は、経時とともに表面にアンティーク調の独特の風合いが生まれ、古くなればなるほど味のでる材料です。
　また、JISでは「銅及び銅合金の板及び条」と記載されています。

2-6-1．銅板金の部品点数ランキング

　図表2-1-1の全体ランキングでは、ほとんど差異のない「C1100（1.3％）→C2600（0.9％）→C1020（0.9％）」の順ですが、図表1-6-1に示すように、銅合金の中で分析すると「C1100」が第1位で32.5％を占めています。しかし、ここでも図表のように差異はないと判断します。

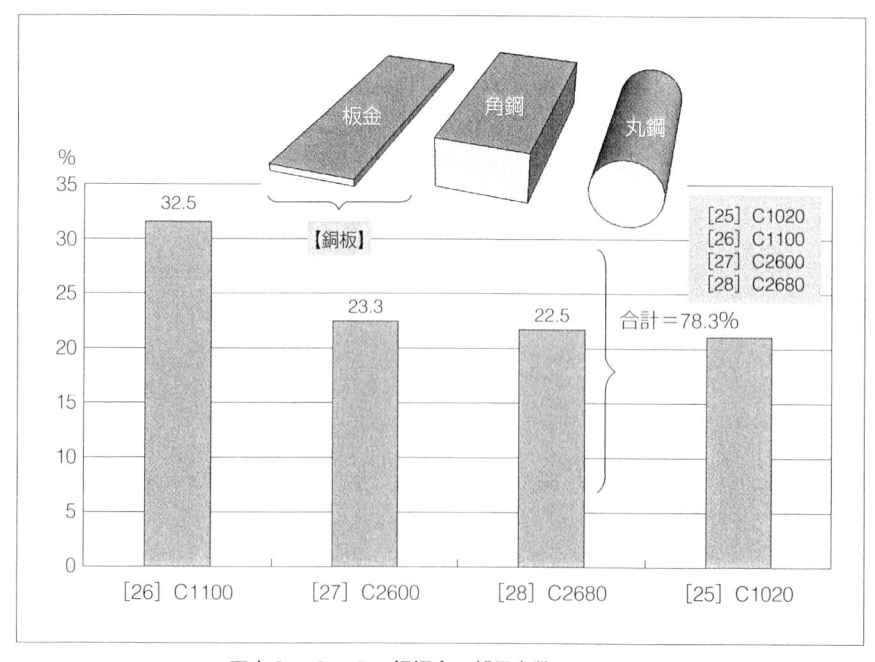

図表2-6-1　銅板金の部品点数ランキング

2-6-2. 銅板金のランキング別材料特性

　図表2-6-2は、ランキング順に並べた各材料の特性表です。線膨張係数やコスト係数などにほとんど差異が見られない一方、熱伝導率、比電気抵抗、引張り強さ、0.2％耐力に大きな差異を見出せると思います。

　蛍光ペンでマークしましょう！　そこが、「設計力アップ」の箇所です。

	【目安】比重：8.4　縦弾性係数：110kN/mm²、横弾性係数：41kN/mm²　線膨張係数：17×10⁻⁶/℃
	ポアソン比：0.35　熱伝導率(C2600,C2680)：110W/(m・K)
	熱伝導率(C1020,C1100)：390W/(m・K)
【C1100、C1020の目安】	比電気抵抗(μΩ・cm)：1.8　　導電率(％ｌACS)：97
【C2600の目安】	比電気抵抗(μΩ・cm)：6.2　　導電率(％ｌACS)：28

No	記号	サイズ (mm) 【目安】	引張強さ (N/mm²) 【目安】	0.2%耐力 (N/mm²) 【目安】	Q 特徴／用途 (切削用と板金が混在)	C コスト 係数	D 入手性
[26]	C 1100	【厚さ】 0.4 - 8.0	195	70	【特徴】伝熱性、展延性、絞り加工性良好 【用途】電気部品、ガスケット、風呂釜	6.22	良好
[27]	C 2600	【厚さ】 0.4 - 8.0	275	250	【特徴】加工性良好、めっき性良好、伝熱性良好、七三黄銅と呼ばれる、展延性良好 【用途】電気部品、ラジエター、機械部品	6.22	良好
[25]	C 1020	【厚さ】 0.4 - 8.0	195	70	【特徴】導電性、溶接性良好、水素脆化（鋼材中に吸収された水素により鋼材の強度が低下する現象）が起きない。 【用途】配線部品、熱交換器、カメラ部品、時計の文字盤、スナップボタン、ラジエター	6.22	良好

　　　　　　図表2-6-2　銅板金のランキング別材料特性表
　　　　(注意：すべての値は参考値です。各企業においては確認が必要です。)

　図表2-6-2の「特徴／用途」欄から、銅合金の多くは電気系の部品に採用されていることがわかります。したがって、図表2-6-2以降には、「比電気抵抗」と「導電率」の電気的特性を図中の上段に追記しました。

> 厳さん、用語の解説は
> 第4章にありますよ！

ここで、少し電気的特性を見ておきましょう。
　「C1100/C1020」と「C2600」の比電気抵抗は、それぞれ、1.8（$\mu\Omega\cdot$cm）と6.2（$\mu\Omega\cdot$cm）となっています。
　「抵抗」を表現する値ですから、「C1100/C1020」の方が、「C2600」よりも約3.4倍も導電性に優れていることになります。

　次に、もう一度、図表2-6-2を見てください。
「C1100/C1020」と「C2600」は、前述の電気的特性をはじめ、「引張り強さ」や「0.2％耐力」などの機械的特性も大きく異なることに注目しておきましょう。
　「設計力アップ」や材料の「標準化」からみれば、「C1100」と「C2600」の2種で十分かと思います。

　最後は、コストについて解説します。

　銅合金は、そのコスト係数が「6.22」となっており、非常に高い材料です。例えば家庭用エアコンでも、その熱交換器に銅板や銅パイプなどの銅材が使われていましたが、現在は、多くの箇所でアルミ材に変更されています。

　この理由は、隣国の工業力が著しく進展し、銅材や銅材が急騰したための緊急対策です。銅材のアルミ材への転化は、材料の高騰化がきっかけでなく、本書のコンセプトである「材料の標準化」から対応すれば、もっと早くからアルミ化が実現できたと思います。

> **目利き力** 材料費高騰による材料変更の前に、標準化による材料変更にチャレンジしよう。

それって、え〜〜と……

それは、
「備えあれば憂いなし」
だろがぁ。

2-6-3. Q&A：金属貨幣の材料について

【質問】
　項目1-6-3の「Q&A」では、昔、木管楽器だったサクスフォンやホルンやフルートも現在は銅合金でできていることを理解しました。
　そして、「身近なお金（小銭）は、1円玉以外は、すべてが銅合金です」とのことですが、もっと詳しく教えてください。（EV車の車輌評価を担当）

【回答】
　ラジエターのないEV車において、銅合金は電気部品以外には使われていません。電気的な発熱の冷却フィンは、アルミ板金か「押し出し材」と呼ぶアルミ材です。
　銅合金は、図表2-6-2の「特徴／用途」欄を見ると、電気部品や精密機器のギアに用いられています。そして、身近な製品で注目すべきは、「小銭」です。
　さて、質問への回答ですが、「アルミ製の1円玉を除くすべての小銭」を図表2-6-3で見てみましょう。

小銭	アルミ合金	銅合金	組成(%)	コスト係数	外径(mm)	内径(mm)	厚さ(mm)	材料費(指数≒円)
1円	○		・アルミ：100	3.65	20	0	1.2	1.4
5円		○	【黄銅】 ・銅：60〜70 ・亜鉛：30〜40	6.22	22	5.1	1.3	2.9
10円		○	【青銅】 ・銅：95 ・亜鉛：3〜4 ・錫：1〜2	6.22	23.5	0	1.3	3.5
50円		○	【白銅】 ・銅：75 ・ニッケル：25	6.22	21	4.2	1.5	3.1
100円		○	【白銅】 ・銅：75 ・ニッケル：25	6.22	22.4	0	1.5	3.7
500円		○	【白銅】 ・銅：75 ・ニッケル：25	6.22	26.5	0	1.6	5.5

図表2-6-3　銅板金（銅合金）製の日本の小銭
（注意：詳細成分を除くすべての値は、國井技術士設計事務所による算出値です）

図中における右の欄に、材料費のみを算出してみました。たとえば、1円玉は、

$$(外径/2)^2 \times \pi \times 厚さ \times コスト係数 \times 10^{-3}$$
$$= (20/2)^2 \times \pi \times 1.2 \times 3.65 \times 10^{-3}$$
$$= 1.4指数（円）（コスト係数は、図表1-5-2参照）$$

また、50円玉は、

$$((外径/2)^2 - ((内径/2)^2) \times \pi \times 厚さ \times コスト係数 \times 10^{-3}$$
$$= ((21/2)^2 - ((4.2/2)^2) \times \pi \times 1.5 \times 6.22 \times 10^{-3}$$
$$= 3.1指数（円）（コスト係数は、図表1-6-2参照）$$

1円玉の製造は、もしかしたら赤字かもしれません。

ただし、本ページの記載内容は、練習問題として解いた材料費です。正確な各種情報や材料費は、確認が必要です。

大昔の小銭は、金属を一度溶かし「型」に流して製造する「鋳物」でした。しかし、近年は、図表2-6-4に示す順送型プレス機を用いて、銅板金をプレスで打ち抜きます。次に、縁に膨らみを付ける「圧縁（あつえん）」という別の工程に移動します。そして、洗浄された後、裏表に美しい「平等院鳳凰堂」や「菊花」の模様を、そして、先ほどの縁にはギザギザの圧印を施します。

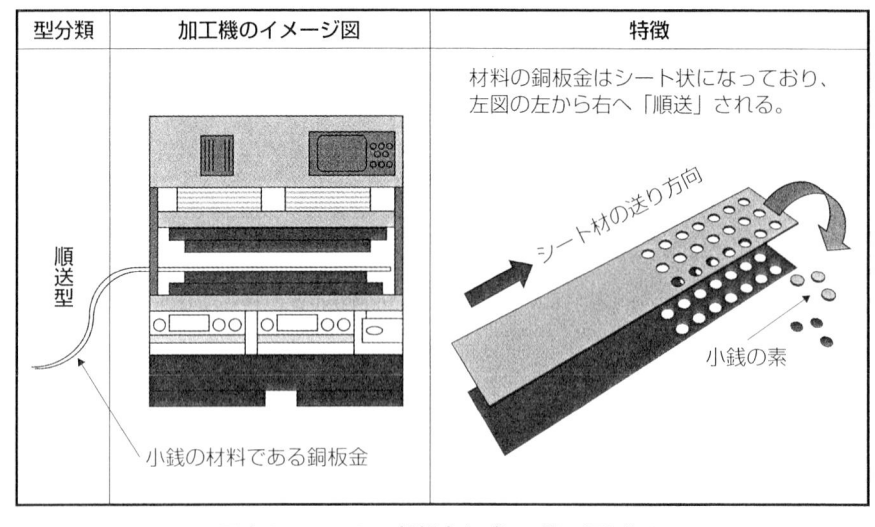

型分類	加工機のイメージ図	特徴
順送型	（順送型プレス機の図）	材料の銅板金はシート状になっており、左図の左から右へ「順送」される。 シート材の送り方向 小銭の素

図表2-6-4　銅板金をプレス機で打ち抜く

2-7 ばね用板金のランキング

　板金の最後は、通称、「板ばね」と呼ばれる「ばね用板金」です。JISでは、「ばね鋼鋼材」と記述されている材料です。
　最後ですから、**図表2-7-1**で「ばね用板金」の位置を確認しておきましょう。

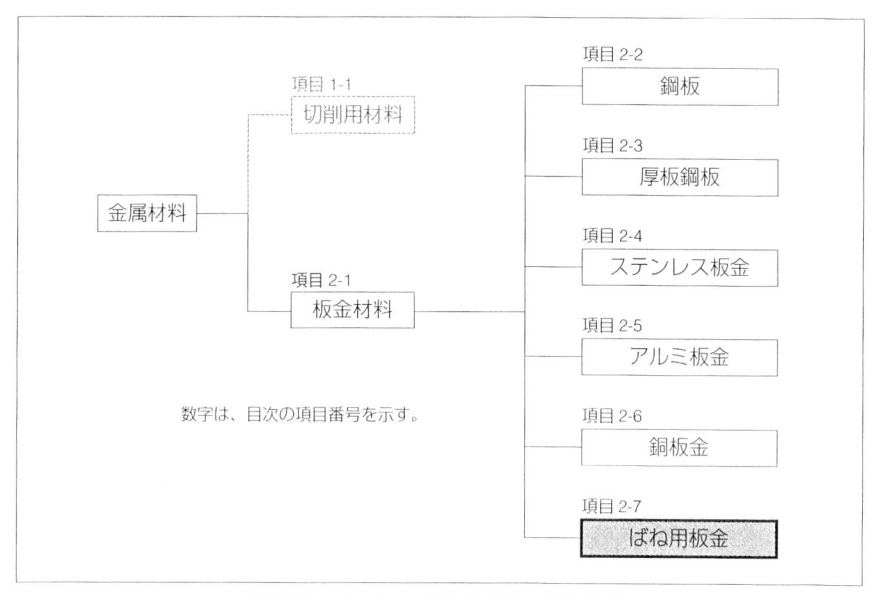

```
金属材料 ─┬─ 項目1-1 切削用材料
          │
          └─ 項目2-1 板金材料 ─┬─ 項目2-2 鋼板
                              ├─ 項目2-3 厚板鋼板
                              ├─ 項目2-4 ステンレス板金
                              ├─ 項目2-5 アルミ板金
                              ├─ 項目2-6 銅板金
                              └─ 項目2-7 【ばね用板金】

数字は、目次の項目番号を示す。
```

　　　　図表2-7-1　　ばね用板金の位置確認

　次頁の**図表2-7-2**で、各種の板ばねを紹介します。
　図中上部には、昔なつかしい「VTR用ヘッドシリンダ機構部」の写真があります。このような多くの部品点数が存在する機構部品ですが、注釈にもある通り、モータのシャフトを接地させる板ばねは、たった一個でした。
　図表2-1-1における「A5210P」は、ランキング第23位で、部品点数は、0.6％でした。
　一方、ベースとなる部分は、図表2-1-1で堂々のランキング第2位であり、その部品点数は、15.8％なのです。そのベース材料は、なんでしょうか？

　これらの数値（部品点数の％）は、次頁の写真や樹脂材料を多用したVTR全体を想像しても、容易に推定できそうです。

第2章　設計力アップ！板金材料はたったこれだけ

板ばねは、たったこれだけ（接地用：SUS301-CSP、板厚0.1mm：推定）

1

VTR用ヘッドシリンダ機構部

板厚1.6mmのSPCC

2

電極版
(板厚0.5mmのC5210P)

3

ねじ穴

樹脂製おもちゃの電車
(筆者の設計)

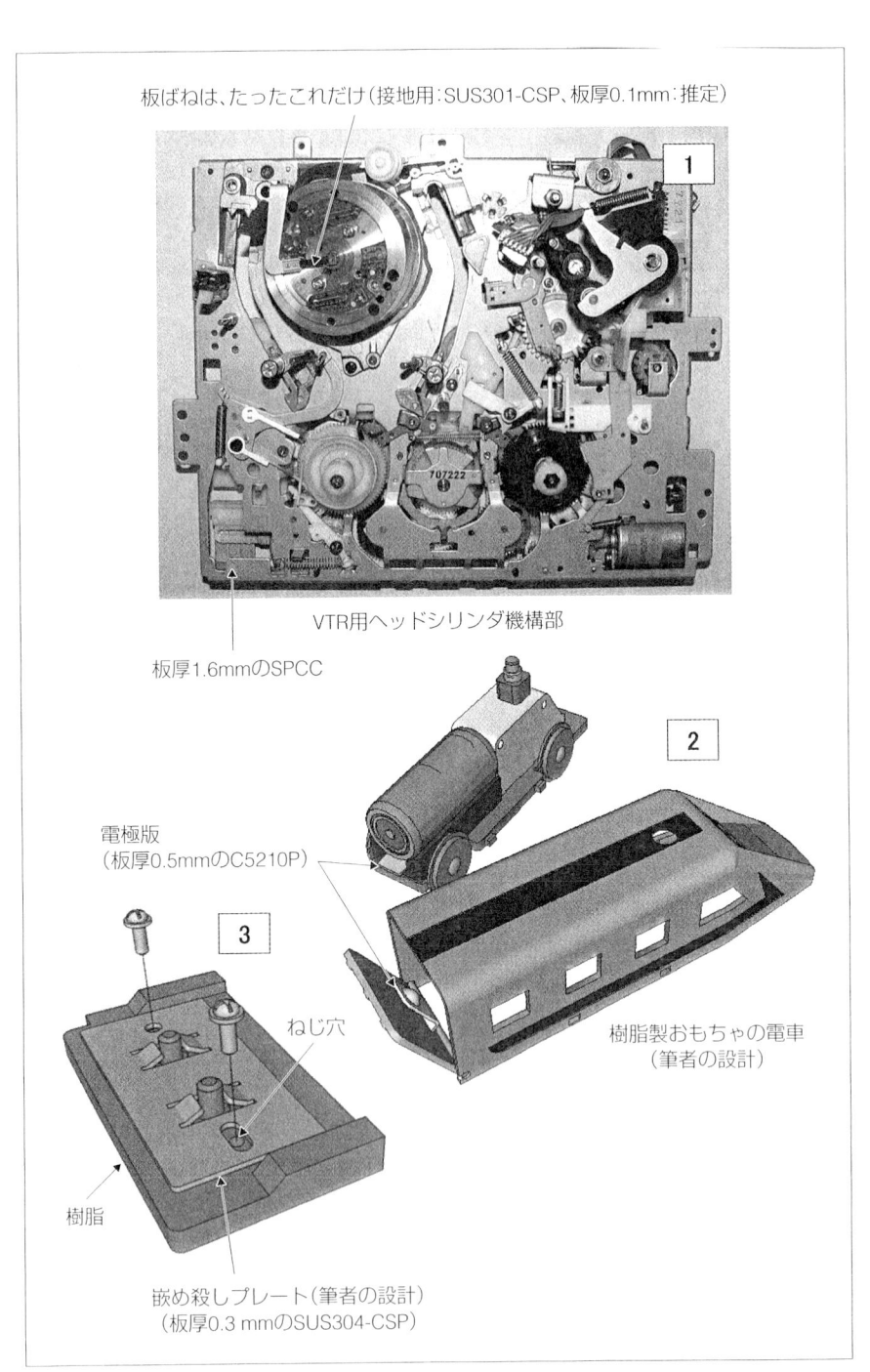

樹脂

嵌め殺しプレート（筆者の設計）
(板厚0.3mmのSUS304-CSP)

図表2-7-2　各種板ばねの各種用途（その1）

ホチキスに組み込まれた板ばね
(SUS304-CSP、板厚 0.8mm：推定)

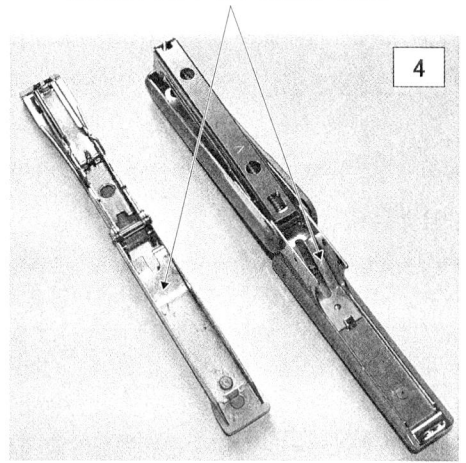

4

テープ用リール軸押さえの板ばね（SUS304-CSP：推定）
サイズ：長さ 100× 幅 7× 板厚 0.2mm

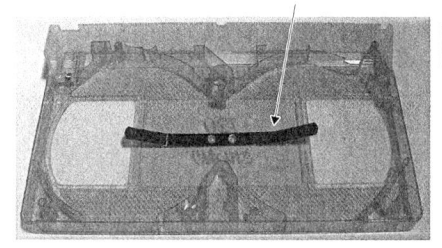

5

VTR用テープの樹脂ケース（上蓋）

TVゲーム機に組み込まれた
接地用の板ばね
(SUS301-CSP、板厚 0.2mm：推定)

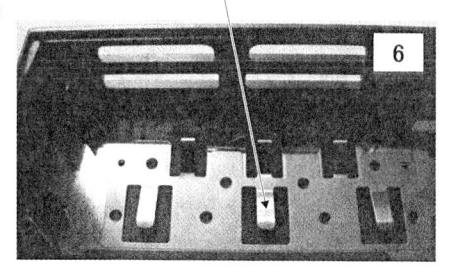

6

図表2-7-3　各種板ばねの各種用途（その2）

　図表2-7-2と図表2-7-3を観察するとステンレス系（SUS系）の板ばねが多いことに気づきます。この後のランキングで確認してみましょう。

ところで、**まさお**、
写真1から6までをキチンと
見たんだろうなぁ？

あん？

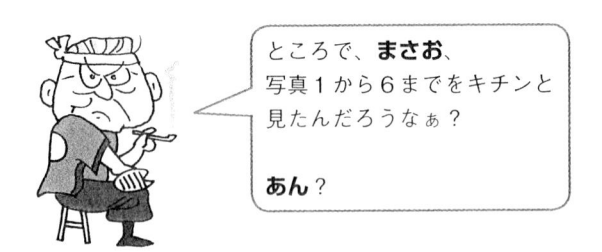

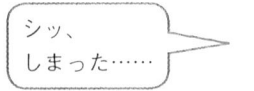

シッ、
しまった……

2-7-1. ばね用板金の部品点数ランキング

ばね用板金は、部品を押さえる場合やコンピュータを代表に、OA機器ではフレームや板金カバー類の構造体を接地させるために用いられます。

図表2-7-3でも、ステンレス系の材料が頻繁に使われています。「頻繁」といっても、図表2-1-1では、SUS301-CSPが0.8％、SUS304-CSPが0.7％です。

筆者の設計経験からも「1％ぐらい」というのが妥当なところと思います。

【板ばね材料】

板金　角鋼　丸鋼

[29] C1700P
[30] C1720P
[31] C1990P
[32] C5191P
[33] C5210P
[34] SUS301-CSP
[35] SUS304-CSP
[36] SUS420J2-CSP
[37] SUS631-CSP

SUS301-CSP 21.7
SUS304-CSP 20.7
C1700P 17.0
C5210P 16.0
C1720P 11.3

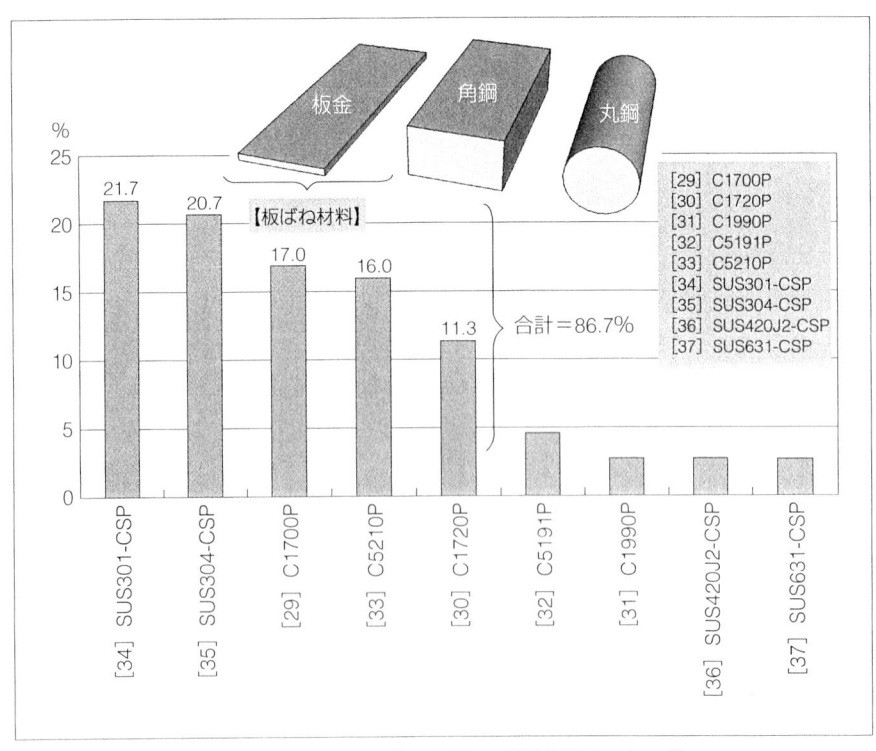

合計＝86.7％

図表2-7-4　ばね用板金の部品点数ランキング

2-7-2. ばね用板金のランキング別材料特性

図表2-7-4のランキングに基づく材料特性表を図表2-7-5と図表2-7-6に示します。ばね用板材で括っていますが、中味は、ステンレス系の「SUS」と、銅系の「C」に分類されます。

SUS301-CSP、SUS304-CSPの場合
【目安】比重：7.9　縦弾性係数：193kN/mm^2、横弾性係数：75kN/mm^2
　　　　線膨張係数：右表　　ポアソン比：0.30

線膨張係数：×10^{-6}/℃	
SUS301-CSP	17.0
SUS304-CSP	17.3

C1700P、C1720P、C5210Pの場合
【目安】比重：8.4　縦弾性係数：110kN/mm^2、横弾性係数：41kN/mm^2　線膨張係数：17×10^{-6}/℃
　　　　ポアソン比：0.35

【SUS301-CSP、SUS304-CSPの目安】　比電気抵抗($\mu\Omega\cdot$cm)：72　　導電率(％IACS)：2.4
【C1700P、C1720Pの目安】　　　　　比電気抵抗($\mu\Omega\cdot$cm)：6.9　導電率(％IACS)：25
【C5210の目安】　　　　　　　　　　比電気抵抗($\mu\Omega\cdot$cm)：11.5　導電率(％IACS)：15

No	記号	サイズ (mm) 【目安】	引張強さ (N/mm^2) 【目安】	ばね限界値 (N/mm^2) 【目安】	特徴／用途 (切削用と板金が混在)	コスト係数	入手性
[34]	SUS 301 -CSP	【厚さ】 0.1-1.6	930	315	【特徴】SUS304-CSPより硬い（ばね性が高い）、板ばね、ゼンマイ、耐候性、電気抵抗は高い、加工難 【用途】パソコンの接地ばね、携帯電話、注射針	4.2	良好
[35]	SUS 304 -CSP	【厚さ】 0.1-1.6	780	275	【特徴】耐食性、耐候性、電気抵抗は高い 【用途】電気/電子機器用の薄板ばね	4.13	良好
[29]	C1700 P	【厚さ】 0.1-2.0	1030 時効硬化処理後	685 時効硬化処理後	【特徴】ばね用ベリリウム銅、耐食性、導電性良好、時効硬化処理は、成形加工後に施す 【用途】接地用ばね、マイクロスイッチ、ヒューズホルダ、ソケット、コネクタなどの電気機器用ばね	12.9	良好

図表2-7-5　ばね用板金のランキング別材料特性表（その1）
（注意：すべての値は参考値です。各企業においては確認が必要です。）

No	記号	サイズ (mm)【目安】	引張強さ (N/mm²)【目安】	ばね限界値 (N/mm²)【目安】	Q 特徴／用途（切削用と板金が混在）	C コスト係数	D 入手性
[33]	C5210P	【厚さ】0.1 - 2.0	540	245	【特徴】リン青銅と呼ばれる材料、ばね用リン青銅、展延性良好、耐疲労性、耐食性、低温焼きなまし処理済 【用途】接地用ばね、マイクロスイッチ、ヒューズホルダ、ソケット、リレー、コネクタなどの電気機器用ばね	12.9	良好
[30]	C1720P	【厚さ】0.1 - 2.0	1100 時効硬化処理後	735 時効硬化処理後	【特徴】ばね用ベリリウム銅、耐食性、導電性良好、時効硬化処理は、成形加工後に施す 【用途】接地用ばね、マイクロスイッチ、ヒューズホルダ、ソケット、コネクタなどの電気機器用ばね	12.9	良好

図表２‐７‐６　ばね用板金のランキング別材料特性表（その２）
（注意：すべての値は参考値です。各企業においては確認が必要です。）

ここで、図表２‐７‐５と図表２‐７‐６から得られる大きな差異を探してみましょう。まず、以下のように三つのグループに分けました。

　　A：「SUS301‐CSP」と「SUS304‐CSP」のグループ
　　B：「C1700P」と「C1720P」のグループ
　　C：「C5210P」

それでは、下記の空白を記述してみてください。A ⇒ B ⇒ Cの順になっています。

　　・比重　　　　　　　　　　　：　　　　⇒　　　　⇒
　　・縦弾性係数（kN/mm²）：　　　　⇒　　　　⇒
　　・横弾性係数（kN/mm²）：　　　　⇒　　　　⇒
　　・ポアソン比　　　　　　　　：　　　　⇒　　　　⇒
　　・引張り強さ（N/mm²）　：　　　　⇒　　　　⇒
　　・ばね限界値（N/mm²）　：　　　　⇒　　　　⇒
　　・コスト係数　　　　　　　　：　　　　⇒　　　　⇒

以上の７項目です。コスト係数の差に驚きます。

2-7-3. Q&A:板ばねって折れやすいですか?

　第2章で登場した「ステンレス板金」、「鋼板」、「厚板鋼板」、「銅板金」、そして最後の「ばね用板金」のすべてが「圧延方向」という特性を持っています。

　身近なトイレットペーパーに例えましょう。**図表2-7-7**のトイレットペーパーをロール方向(板金の圧延方向に相当)、つまり、図中のX方向へちぎるときれいに切れます。しかし、ロール方向と垂直の方向、つまり、Y方向にちぎろうとしてもギザギザになってしまいます。ですから、ミシン目が付いているのです。

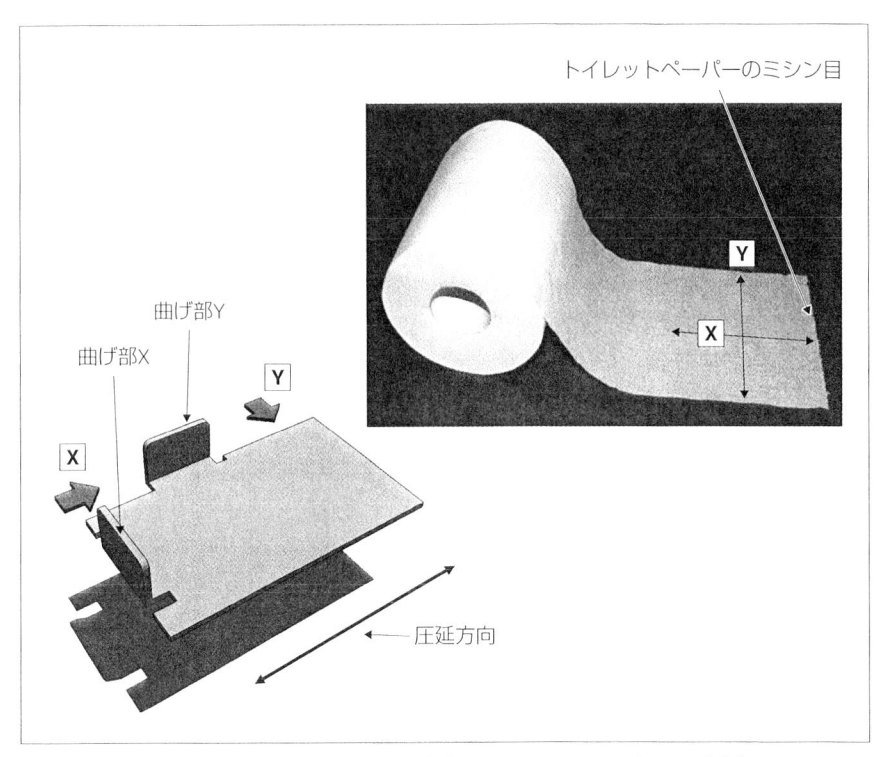

図表2-7-7　板金の圧延方向とトイレットペーパーとの関係

　板金も全く同じです。
　トイレットペーパーの「ロール方向」の代わりに、専門用語で「圧延方向」と呼ぶ特性が存在します。

それでは、図表の下にある板金の図を見てみましょう。

この板金部品の「圧延方向」は、図示する方向と仮定します。このとき、圧延方向と同方向Xに曲げた「曲げ部X」の根元は、破損しにくく、圧延方向と直角方向Yに曲げた「曲げ部Y」の根元は破損しやすくなっています。

文章にするとわかりにくくなりますが、このようなときは、身近なトイレットペーパーを思い出せばすぐに納得できます。

冒頭で、すべての板金が「圧延方向」を有すると記述しましたが、すべての板金に関して、圧延方向と直角曲げが破損するわけではありません。特に、「ばね用板金」のみ気をつけましょう。図面に「圧延方向」を記載する必要があります。

このような注意点は必ず忘れます。したがって、本書のコンセプトである材料を限定し、限定された材料に関して熟知することで「設計力アップ」を図り、標準化による低コスト化に着手してみましょう。

目利き力　ばね用板金は、次の三つのグループに分けてみよう。
A:「SUS301 - CSP」と「SUS304 - CSP」
B:「C1700P」と「C1720P」
C:「C5210P」

目利き力　圧延方向とその特性は、トイレットペーパーで思い出すこと。

やっぱ、何度も同じこと言うがよぉ、材料の標準化は、大工の世界では当たり前なんだが**よぉ**。

オメェら、技術者って遅れてんじゃねぇの？ **あん**？

厳さん！
正直に言います。
材料のことは、ほとんど……。
イッ、言えません……

目利き力・チェックポイント

第2章における重要な「目利き力」を下記にまとめました。理解できたら「レ」点マークを□に記入してください。

〔項目2-1：板金材料のランキング〕
① なんでも知っている「材料オタク」ではなく、汎用材料の目利き力を養うことが「設計力アップ」となる。　□

② EV車を含む電気・電子機器の企業では、8種類の材料だけで、全板金部品の80.2%を占める。　□

③ EV車を含む電気・電子機器の企業では、「SUS304」の板金材料だけで、全板金部品の24.5%を占める。　□

④ 材料力学は、「引張り/圧縮」と「せん断」を優先的に再勉強しよう。　□

〔項目2-2：ステンレス板金のランキング〕
⑤ すべてのステンレス材が、加工硬化部分で錆びる。これを「粒界腐食」と呼ぶ。　□

⑥ すべてのステンレス材が、加工硬化部分で磁化する。マグネットセンサなどを使用するときは十分な確認が必要である。　□

⑦ 異なった種類の金属を組み合わせて使用する場合は、「電気化学的電位」が0.35V未満であること。　□

⑧ 電食は、設計審査（デザインレビュー）の定番質問にすること。　□

⑨ 電食は、めっきはがれや塗装はがれの故障モードでも考慮せよ。（インタラクションギャップを見逃すな!）　□

〔項目2-3:鋼板のランキング〕
⑩ 環境問題をきっかけに、樹脂部品から板金部品への置き換えが始動している。□

⑪ 設計とは、限られた材料で最高の設計を提供すること。これが、プロの設計者である。□

⑫ 企業において、材料特性には、「物性値」と「設計値」がある。材料の「物性値」が存在しなくても、「設計値」は存在する。□

⑬ 材料の化学成分表から材料特性を推定することは、ナンセンスである。食品や薬品業界同様、慎重な判断が必要である。□

〔項目2-4:厚板鋼板のランキング〕
⑭ 厚板鋼板の材料は、「SS400」の一本に絞ってみよう。□

〔項目2-5:アルミ板金のランキング〕
⑮ アルミ板金の材料は、「A5052」と「A1050」の二本に絞ってみよう。□

⑯ 「設計力アップ」と「低コスト化」のために、ねじの標準化にもチャレンジしよう。

⑰ 材料別締め付けトルクは、図表2-5-6を推奨する。□

⑱ ねじの「はめあい長さ」は、$\geq 0.8 \times d$ 、JIS規格、社内規定……この内から目的に応じて選択すること。□

〔項目2-6:銅板金のランキング〕
⑲ 材料費高騰による材料変更の前に、標準化による材料変更にチャレンジしよう。□

〔項目2-7：ばね用板金のランキング〕
⑳ ばね用板金は、次の三つのグループに分けてみよう。
　A：「SUS301-CSP」と「SUS304-CSP」
　B：「C1700P」と「C1720P」
　C：「C5210P」　　　　　　　　　　　　　　　　　　　□

㉑ 圧延方向とその特性は、トイレットペーパーを思い出すこと。□

　チェックポイントで70％以上に「レ」点マークが入りましたら、第3章へ行きましょう。

イヤー、
ちょいと疲れちまった**ぜぃ！**
一服してから、次に行くぜぃ！

厳さん！
第2章は板金でしたから、大工さんも、随分、勉強になりましたよね！

第2章 設計力アップ！板金材料はたったこれだけ　155

目利き力

第3章
設計力アップ！樹脂材料はたったこれだけ

3-1 樹脂材料のランキング
3-2 ガソリン自動車とEV車の部品点数分析
3-3 樹脂設計は最難関レベル
3-4 樹脂材料の最適な選択法
　　〈目利き力・チェックポイント〉

オイ、まさお！

機械材料としては、最後の章だ。
大工の世界でも**よ**ぉ、樹脂部品が氾濫しているぜぃ！

ちょいと、ゆっく**シ**、学習しようじゃ**ね**ぇかい。

厳さん！
いよいよ、電気・電子業界で使用率ナンバーワンの樹脂材料ですね。

「樹脂設計を制する者は、機械設計を制す」……ですよね！

【注意】
第3章に記載されるすべての事例は、本書のコンセプトである「若手技術者の育成」のための「フィクション」として理解してください。

第3章
設計力アップ！樹脂材料はたったこれだけ

3-1 樹脂材料のランキング

いよいよ機械材料としては、最後の「樹脂材料」です。金属ではなく、非金属と呼ばれる樹脂材料です。非金属とは、「金属に非ず（あらず）」ですから、ガス、空気、水、樹木、塩、そして樹脂（プラスチック）などをいいます。

それでは、図表3-1-1で、本書の中での「樹脂材料」の位置確認をお願いします。

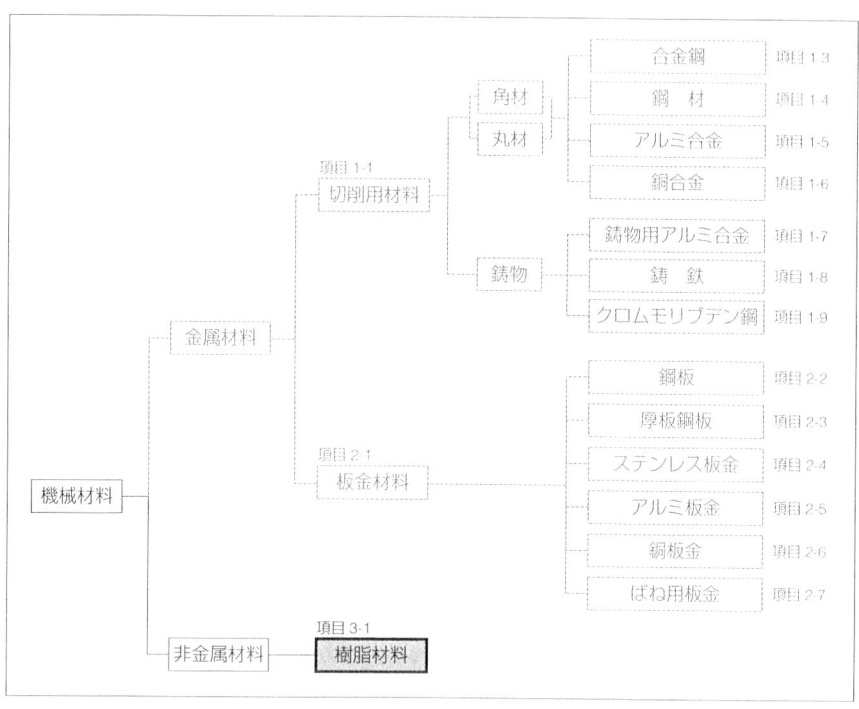

```
                                          ┌─ 合金鋼     項目1-3
                                    ┌ 角材 ├─ 鋼　材    項目1-4
                        項目1-1       │     ├─ アルミ合金 項目1-5
                     ┌ 切削用材料 ──┤ 丸材 └─ 銅合金    項目1-6
                     │              │
                     │              │     ┌─ 鋳物用アルミ合金 項目1-7
                     │              └ 鋳物 ├─ 鋳　鉄    項目1-8
          ┌ 金属材料 ┤                    └─ クロムモリブデン鋼 項目1-9
          │          │
          │          │                    ┌─ 鋼板      項目2-2
          │          │                    ├─ 厚板鋼板   項目2-3
機械材料 ┤           │     項目2-1        ├─ ステンレス板金 項目2-4
          │          └ 板金材料 ─────────┤─ アルミ板金 項目2-5
          │                                ├─ 銅板金     項目2-6
          │                                └─ ばね用板金 項目2-7
          │
          │           項目3-1
          └ 非金属材料 ─ 樹脂材料
```

図表3-1-1　樹脂材料の位置確認

> シっかしよぉ、大工も樹脂の知識がなきゃぁ、生きていけねぇーってもんよ。**あん？**
>
> **オイ！まさお、起きろ！**

3-1-1. 樹脂材料の部品点数ランキング

　樹脂材料は極端な表現をすれば、「毎年、新材料が誕生する」といっても過言ではありません。したがって、本書のコンセプトである「設計力アップ」や「標準化」がなかなか進まない分野の一つです。

　しかし、本項の樹脂は新素材ではなく、かねてから汎用の樹脂として使用されている樹脂材料です。したがって、新旧交代はほとんどなく、今後も長年に渡って使えるランキングと材料特性表を提供します。

　「汎用」であるからこそ、ランキング上位に位置することができます。ランキング上位であるからこそ、今後も長年に渡って使える樹脂と判断できます。

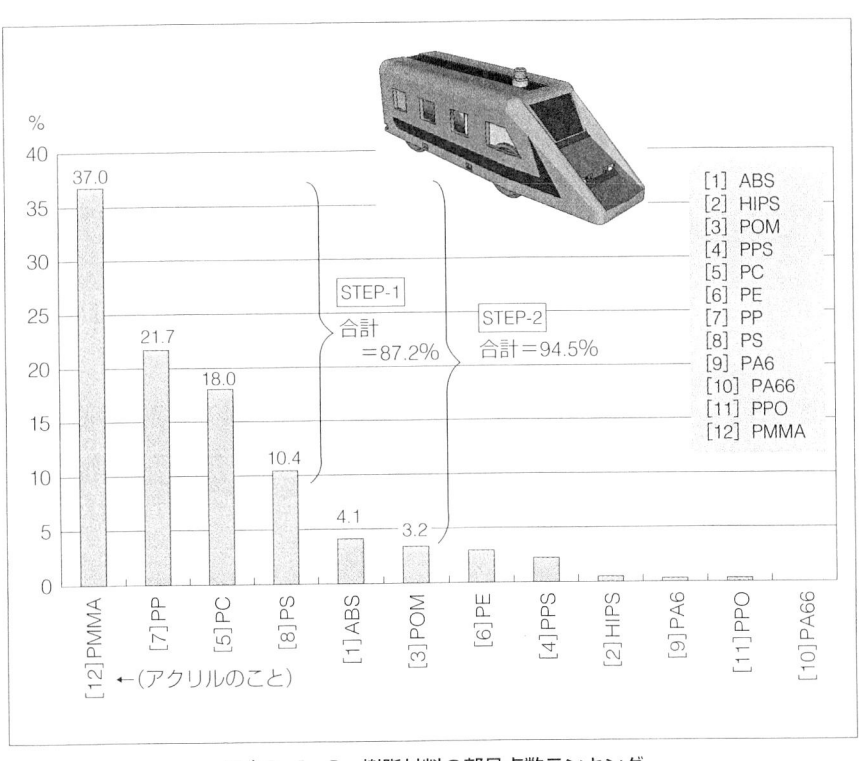

図表3-1-2　樹脂材料の部品点数ランキング

　ただし、切削用材料と板金材料と樹脂材料の中でもっとも地球環境に対して不利な樹脂は、各国の法規制などの影響を受け、出入りが激しい材料ですから常に注意を払っておく必要があります。

3-1-2. 樹脂材料のランキング別材料特性表

図表3-1-2のランキングに基づく材料特性表を、図表3-1-3と図表3-1-4に示します。第2章のステンレス板金や銅板金は、熱を伝えるための役目に期待しますが、樹脂は、断熱を期待して採用する場合があります。

したがって、「熱伝導率」を下表に追記しました。 また、図表中のコスト係数などの用語は、第4章で解説します。

[12]PMMA(アクリル)の場合
【目安】比重：1.2　縦弾性係数：3.5kN/mm^2、横弾性係数：3.2kN/mm^2　線膨張係数：70×10^{-6}/℃
　　　　ポアソン比：0.35　熱伝導率：0.21W/(m・K)

[7]PP(ポリプロピレン)の場合
【目安】比重：0.9　縦弾性係数：1.35kN/mm^2、横弾性係数：1.3kN/mm^2　線膨張係数：110×10^{-6}/℃
　　　　ポアソン比：0.40　熱伝導率：0.12W/(m・K)

[5]PC(ポリカーボネート)の場合
【目安】比重：1.2　縦弾性係数：2.6kN/mm^2、横弾性係数：2.2kN/mm^2　線膨張係数：70×10^{-6}/℃
　　　　ポアソン比：0.38　熱伝導率：0.19W/(m・K)

[8]PS(ポリスチレン)の場合
【目安】比重：1.0　縦弾性係数：3.5kN/mm^2、横弾性係数：1.4kN/mm^2　線膨張係数：66×10^{-6}/℃
　　　　ポアソン比：0.34　熱伝導率：0.12W/(m・K)

[1]ABS(アクリロニトリルブタジエンスチレン)の場合
【目安】比重：1.0　縦弾性係数：2.5kN/mm^2、横弾性係数：2.3kN/mm^2　線膨張係数：100×10^{-6}/℃
　　　　ポアソン比：0.35　熱伝導率：0.27W/(m・K)

[3]POM(ポリアセタール)の場合
【目安】比重：1.4　縦弾性係数：3.6kN/mm^2、横弾性係数：2.8kN/mm^2　線膨張係数：83×10^{-6}/℃
　　　　ポアソン比：0.35　熱伝導率：0.25W/(m・K)

No	記号	引張強さ (N/mm^2) 【目安】	0.2%耐力 (N/mm^2) 【目安】	Q 特徴/用途	C コスト係数【目安】	D 入手性
[12]	PMMA	70	41	【特徴】めっき可能、透明性、強度、剛性、耐候性、衝撃に弱い、耐熱性難、有機溶剤に弱い（ケミカルクラック） 【用途】レンズなどの光学製品、照明器具、外観カバー類、道路遮音パネル	0.48	良好

図表3-1-3　ランキング上位における樹脂材料の特性表（その1）

No	記号	引張強さ (N/mm²)【目安】	0.2%耐力 (N/mm²)【目安】	特徴 / 用途	コスト係数【目安】	入手性
[7]	PP	34	16	【特徴】絶縁性、耐薬品性、繰り返し曲げ性に強い、軽量、リサイクル性、食品衛生性、成形性良好 【用途】弁当箱(タッパーの本体)、文具、ヒンジ、医療部品、TV筐体、洗濯曹、換気扇、自動車バンパー、注射器、人工水晶体	0.32	良好
[5]	PC	66	40	【特徴】透明性良好、自己消化性、熱加工性、引張り強さ、耐衝撃性、耐熱性、耐寒性、電気絶縁性、繰り返し応力に弱い、脆性破壊あり、応力亀裂あり、高温高湿環境で加水分解、ケミカルクラックに注意 【用途】CD/DVDのディスク、スーツケースのボディ、サングラス、眼鏡レンズ、ウインカー、テールランプ、ヘルメット	0.60	良好
[8]	PS	44	38	【特徴】酸やアルカリやアルコールに強い、溶剤には弱い、透明性、成形性、寸法安定性、耐候性(PMMAより劣る)、耐薬品性、耐衝撃性に難、脆性あり 【用途】弁当箱の蓋(タッパの蓋)、使い捨て容器、歯ブラシ、プラスチックモデル、玩具、CDケース	0.35	良好
[1]	ABS	47	40	【特徴】耐熱性、耐衝撃性、成形性良好、耐寒性、耐薬品性、後加工性、耐候性難、可燃性あり 【用途】OA機器、パソコン、自動車のインパネ、エアコンの筐体(外観カバー)、TV筐体、洗濯機、冷蔵庫、文具、玩具	0.32	良好
[3]	POM	65	44	【特徴】寸法安定性、耐薬品性、金属代替、耐疲労性、耐繰り返し性、耐摩擦性、耐水性低、自己潤滑性、後加工性、接着性難、耐候性難、可燃性あり 【用途】金属代替、軸受、ギア、摺動部品	0.54	良好

図表3-1-4 ランキング上位における樹脂材料の特性表(その2)

樹脂材料は、多種の用途に採用されていることがわかります。周辺を見渡せば、樹脂製品が氾濫していることに納得できます。

ランキングの第1位は、通常はアクリルと呼ばれる「PMMA」で37.0％を占めています。その用途欄を見ると、「めっき可能」でありながら、「透明性」でしかも強度がありと、非常に魅力的なアピールが続きます。

一方、「金属代替」として、フック、レバー、軸、そしてギア（歯車）に、多く使用されている材料が「POM（ポリアセタール）」です。POM製ギアのない家電品やOA機器は皆無と言っても過言ではありません。

第1章の切削用材料も、第2章の板金材料も、ほぼ80％のボーダーラインで材料を絞ってきました。たとえば、以下の通りです。（①と②）

---

① 切削用材料：48種　　⇒ 13種に絞って81.7％を占有
② 板金材料　：37種　　⇒ 　8種に絞って80.2％を占有

③ 樹脂材料（ステップ1）　⇒ 　4種に絞って87.2％を占有
　　樹脂材料（ステップ1）　⇒ 　6種に絞って94.5％を占有

次に、図表3-1-2と前記③に示すように、樹脂材料は2段階を踏みたいと思います。残念ですが、筆者の思惑通りには絞れませんでした。

第1章と第2章で、各種の材料特性表を掲載してきましたが、そこには「特徴／用途」の欄がありました。今ここで、樹脂材料を単純な用途別ではなく、機械設計者の機能担当別で分析してみましょう。

中小・零細企業の設計者とは、「機械」、「電気電子」、「ソフトウェア」のすべてを設計担当します。

一方、大企業の場合は、前記の三つに大分類して、さらに、「機械」の設計担当を以下のように機能で細分化しています。

① 外装／筐体（外観カバーやフレームの設計）
② 機構／駆動（リンクやギアやカムやモータを使用する設計）
③ 冷却／ダスト（空冷ファンやダクトを使用する設計）
④ 電装（回路基盤を実装する設計）
⑤ コア（様々な機器の主要部を設計）

前述の「コア（様々な機器の主要部を設計）」とは、以下のことです。

・VTRデッキのコア：VTRヘッドシンリンダベースのこと（図表2-7-2の上部を参照）
・インクジェットプリンタのコア：インクヘッドのこと
・ガソリン自動車のコア：内燃エンジンのこと
・EV車のコア：駆動モータとバッテリと制御のこと
・液晶テレビのコア：液晶パネルのこと

分析結果を**図表3-1-5**に示します。

No	記号	特徴／用途	機械設計細分化
[12]	PMMA	【用途】レンズなどの光学製品、照明器具、外観カバー類、道路遮音パネル	・外装／筐体の設計
[7]	PP	【用途】弁当箱（タッパーの本体） 文具、ヒンジ、医療部品、TV筐体、洗濯曹、換気扇、自動車バンパー、注射器、人工水晶体	・外装／筐体の設計
[5]	PC	【用途】CD/DVDのディスク、スーツケースのボディ、サングラス、眼鏡レンズ、ウインカー、テールランプ、ヘルメット	・外装／筐体の設計 ・電装設計
[8]	PS	【用途】弁当箱の蓋（タッパの蓋）、使い捨て容器、歯ブラシ、プラスチックモデル、玩具、CDケース	・外装／筐体の設計
[1]	ABS	【用途】OA機器、パソコン、自動車のインパネ、エアコンの筐体（外観カバー）、TV筐体、洗濯機、冷蔵庫、文具、玩具	・外装／筐体の設計 ・機構／駆動設計 ・冷却／ダストの設計
[3]	POM	【用途】金属代替、軸受、ギア、摺動部品	・機構／駆動設計 ・コア設計

図表3-1-5　各種の樹脂材料と設計担当者別の対比

　企業規模によらず、皆さんが「外装／筐体」の設計が多ければ、優先順位は、「PMMA」⇒「PP」の順であり、「機構設計」や「駆動伝達」の設計が多ければ「ABS」⇒「POM」という順で、効率のよい「設計力アップ」を目指してください。

一方、コスト係数に関してですが、ステンレス系（SUS＊＊＊）、鋼材（SS＊＊＊、S＊＊C，SPCC）、アルミ系（A＊＊＊＊）、銅系（C＊＊＊＊）といえば、その記号からグルーピングされ、およそのコスト格差は想像がつきます。
　しかし、樹脂は想像しにくい場合があり、図表3-1-6で可視化しておきました。

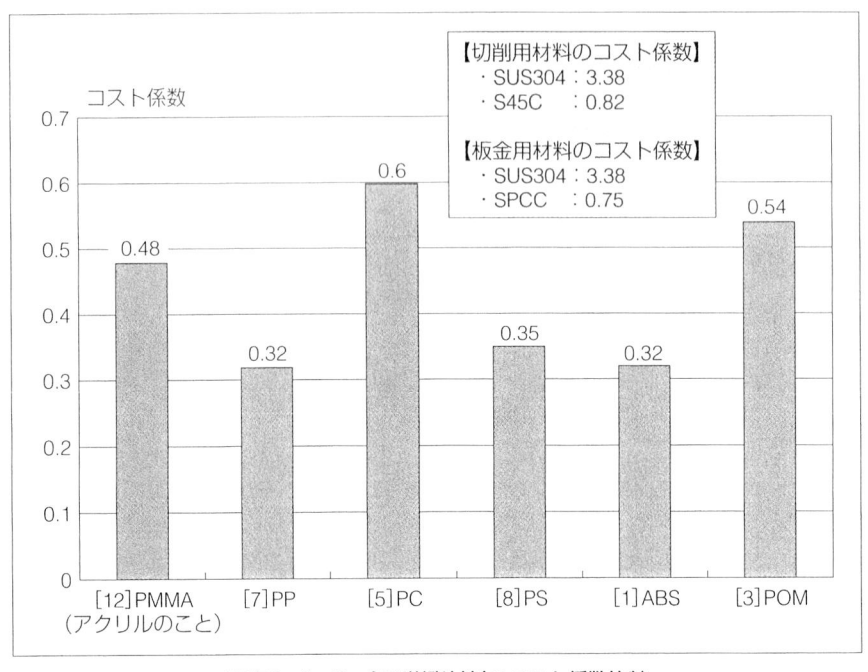

```
コスト係数

【切削用材料のコスト係数】
・SUS304：3.38
・S45C　 ：0.82

【板金用材料のコスト係数】
・SUS304：3.38
・SPCC 　：0.75
```

[12]PMMA（アクリルのこと）	[7]PP	[5]PC	[8]PS	[1]ABS	[3]POM
0.48	0.32	0.6	0.35	0.32	0.54

図表3-1-6　主要樹脂材料のコスト係数比較

目利き力　樹脂材料は、2段階ステップで理解しよう。第1ステップが、「PMMA」、「PP」、「PC」、「PS」である。

目利き力　第2ステップが、「ABS」、「POM」である。

目利き力　樹脂材料の材料コストの安さとバラツキを把握しよう。

3-1-3. 樹脂加工は射出成形だけ理解すればよい

図表3-1-7は、日本企業における樹脂成形の使用頻度の高い順番に並べました。なんと、工業製品の77.1％が射出成形で生産されているのです。

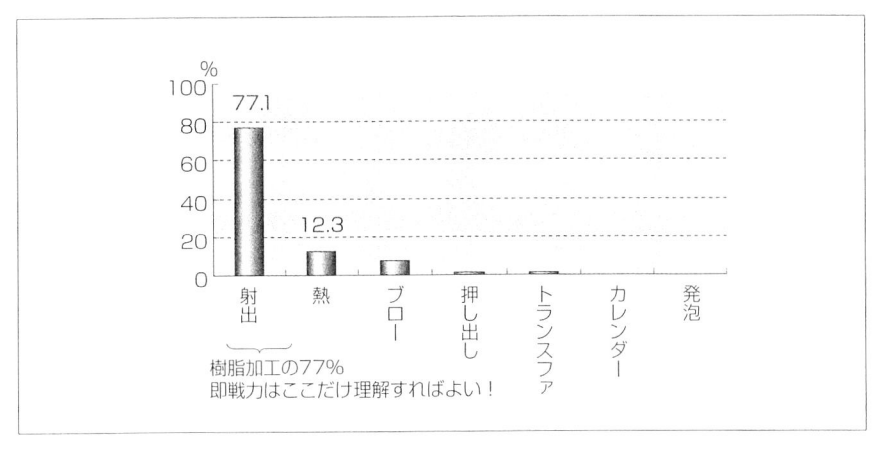

```
％
100 ┐
 80 │ 77.1
 60 │
 40 │
 20 │     12.3
  0 └──────────────────────────────────
    射   熱  ブ  押  ト  カ  発
    出       ロ  し  ラ  レ  泡
             ー  出  ン  ン
                 し  ス  ダ
                     フ  ー
                     ァ
    └─────┘
    樹脂加工の77％
    即戦力はここだけ理解すればよい！
```

図表3-1-7　樹脂加工における使用頻度の順位
(出典：ついてきなぁ！加工知識と設計見積り力で『即戦力』：日刊工業新聞社刊)

「射出」だけ理解すれば、これだけで、「77点（％）」がとれることになります。まさしく、効率的な「設計力アップ」です。

その他は、都度、図書館やWeb検索で調査すればよいと思います。

> **目利き力** 樹脂加工は、「射出」だけを理解すればよい。

> おぉーと！
> おいらの樹脂建材でも圧倒的に射出成形が多いってワケよ。
>
> メカ屋も身の回りの品もん、見てみろってぇの！

第3章 設計力アップ！樹脂材料はたったこれだけ

頻度の高い射出成形だけを理解すると説明しましたが、さらに、その射出成形は、二つに分けます。
　ソリッド成形とガスアシスト成形（もしくは、ガスインジェクション成形）です。

大分類	小分類	用途	使用樹脂	樹脂部品のトラブル
射出成形	ソリッド成形	・一般部品 ・家電外装カバー ・自動車内外装 ・OA機器外装カバー ・樹脂ギア	・ABS ・PC ・POM ・PPS ・HIPS	①アンダーカット ②パーティングライン ③ウェルドライン ④ゲート跡 ⑤押出しピン跡 ⑥スライドライン ⑦収縮 ⑧ケミカルクラック ⑨ソリ ⑩ヒケ ⑪ショートモールド ⑫シルバー
	ガスアシスト成形 （ガスインジェクション）	・大型カバー ・車のバンパー ・小型の部品で、高精度を要求する場合。 （例えば、平面度）	・PC ・PS ・ABS	

図表3-1-8　射出成形と用途

　先ず、ソリッド成形ですが、ソリッド（Solid）は、「固体」という意味で、図表3-1-9に示すキャビティ部分を樹脂で充填し、「固体」を製造します。
　携帯電話やパソコンのボディなど、家電品や事務用品などの樹脂全般が、ソリッド成形で製造されます。和菓子で言えば、「人形焼き」です。

　人形焼きの中心部にアンを入れる場合がありますが、樹脂の場合、アンではなく不活性ガスを注入する製造法があります。これを、ガスアシスト成形、もしくは、ガスインジェクション成形とも呼ばれます。

　ガスの代表例は、高圧窒素ガスで、射出成形時の型締圧力を「アシスト」するので、ガスアシスト成形と言われています。
　次にもう一度、図表3-1-9をじっくり見てください。射出成形機の仕組みを示す簡易断面図を理解しましょう。

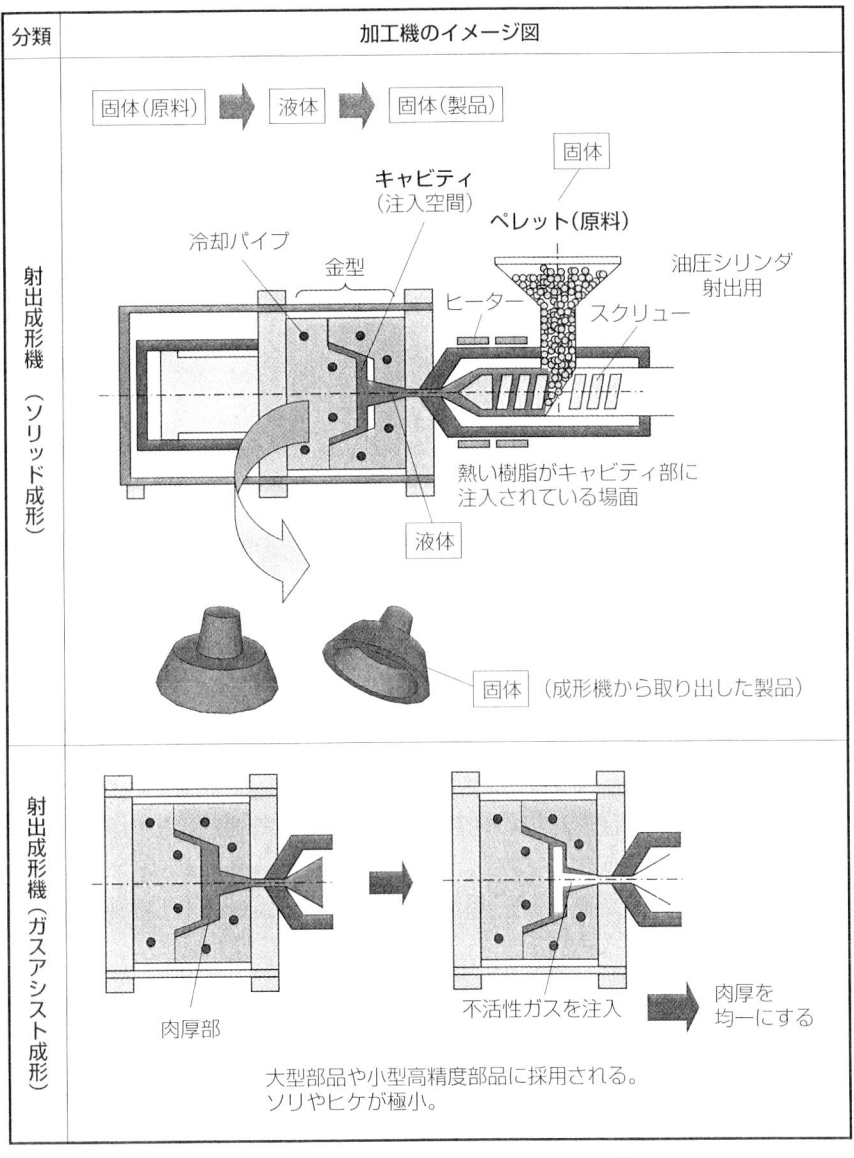

分類	加工機のイメージ図
射出成形機（ソリッド成形）	固体(原料) → 液体 → 固体(製品) キャビティ（注入空間）、冷却パイプ、金型、ヒーター、ペレット(原料)、スクリュー、油圧シリンダ射出用、固体 熱い樹脂がキャビティ部に注入されている場面 液体 固体（成形機から取り出した製品）
射出成形機（ガスアシスト成形）	肉厚部 → 不活性ガスを注入 → 肉厚を均一にする 大型部品や小型高精度部品に採用される。 ソリやヒケが極小。

図表3-1-9　ソリッド成形とガスアシスト成形

樹脂材料を用いた代表的な「射出成形」を理解できたと思います。

3-2 ガソリン自動車とEV車の部品点数分析

第1章の項目1-2で、「EV車の詳しい材料分析は、第3章（樹脂材料）でも解説します」と約束しました。それでは、まさお君に復習からお願いしましょう。

まさお君が提示した「部品点数分析」に注目してください。

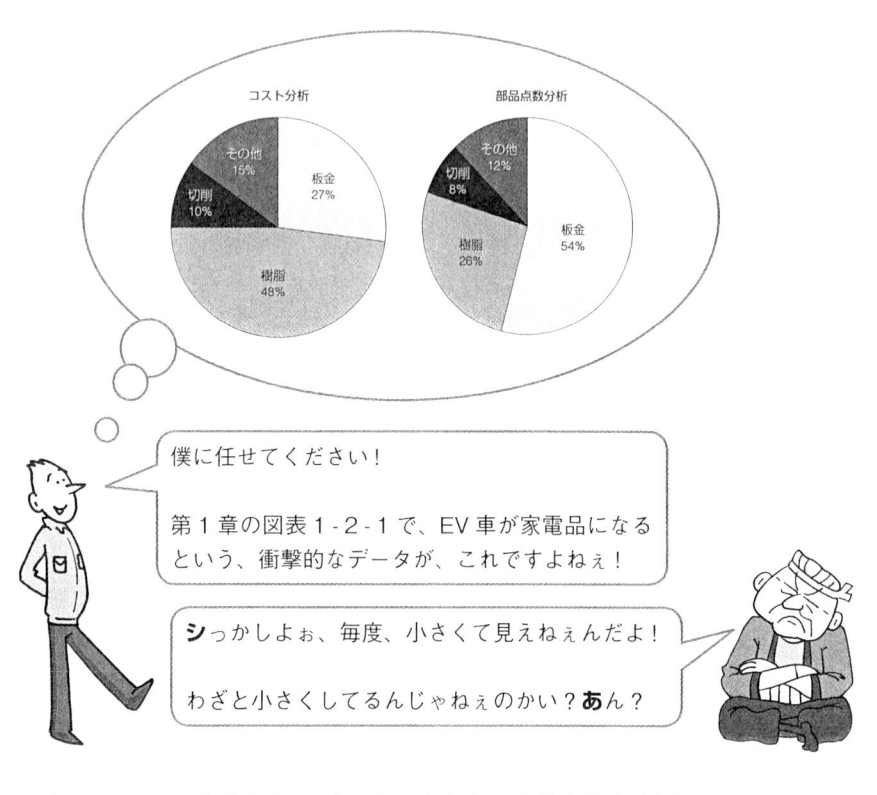

コスト分析
- その他 15%
- 板金 27%
- 切削 10%
- 樹脂 48%

部品点数分析
- その他 12%
- 切削 8%
- 板金 54%
- 樹脂 26%

> 僕に任せてください！
> 第1章の図表1-2-1で、EV車が家電品になるという、衝撃的なデータが、これですよねぇ！

> **シ**っかしよぉ、毎度、小さくて見えねぇんだよ！
> わざと小さくしてるんじゃねぇのかい？**あ**ん？

次に、ガソリン自動車がEV車になったときの部品点数を分析しました。次ページの**図表3-2-1**を見てください。

図中のA図は、現在のガソリン自動車に関する材料別の部品点数分析です。板金部品の占有率に改めて驚きます。図中のB図は、「非鉄」、「合金鋼」、「炭素鋼」、「銑鉄」を「切削」の単語で括った単純な「書換え図」です。あえてランキングを付けるならば、第1位：板金 ⇒ 第2位：切削 ⇒ 第3位：樹脂 となります。

図中のC図は、隣国のEV車チームの協力を得て分析したEV車の材料別の部品点数分析です。なんと、図表1-2-1の電子機器や家電品と同じ占有率です。

切削部品の代表格であるエンジンとミッションが消滅し、モータと制御装置に代わったのです。

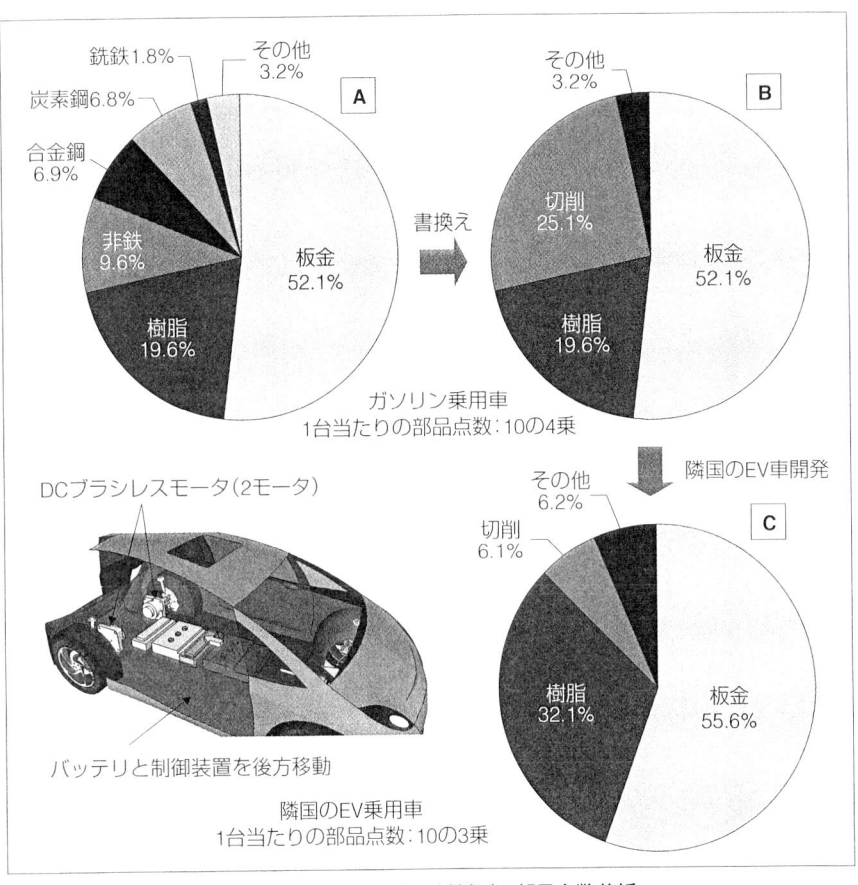

図表3-2-1　EV車の材料別の部品点数分析

（円グラフA：ガソリン乗用車　1台当たりの部品点数：10の4乗）
- 銑鉄 1.8%
- 炭素鋼 6.8%
- 合金鋼 6.9%
- 非鉄 9.6%
- 樹脂 19.6%
- 板金 52.1%
- その他 3.2%

書換え →

（円グラフB）
- その他 3.2%
- 切削 25.1%
- 板金 52.1%
- 樹脂 19.6%

↓ 隣国のEV車開発

（円グラフC：隣国のEV乗用車　1台当たりの部品点数：10の3乗）
- その他 6.2%
- 切削 6.1%
- 樹脂 32.1%
- 板金 55.6%

（イラスト注記）
- DCブラシレスモータ（2モータ）
- バッテリと制御装置を後方移動

これで、EV車が家電品になったことが「部品点数分析」から証明されました。

> **目利き力**　材料別の部品点数分析から、EV車が電子機器や家電品の仲間入りが証明された。

　EV車における材料別の部品点数分析から、板金（55.6％）vs 樹脂（32.1％）のつば競り合いが始まったことを認識できたと思います。

第3章　設計力アップ！樹脂材料はたったこれだけ

ちょいと茶でも……

情報のカンバン方式

項目3-1-1で、「地球環境に対して不利な樹脂は、各国の法規制などの影響を受け、出入りが激しい材料ですから常に注意を払っておく必要があります。」と述べました。

この「ちょいと茶でも」では、その方法を解説しましょう。

筆者は、地方で産業振興の公共団体様などから声をかけていただいています。島根県、大阪府、長野県、山梨県、東京（大田区）、群馬県、新潟県、宮城県……そして、この講演会やセミナーを利用して、皆様にお願いしていることがこれです。

「情報のカンバン方式」

設計実務に関して、材料選択は初期において成される基本中の基本です。本書のコンセプトでもあります。一方、材料は環境保全や価格の高騰で目まぐるしく変化しています。

特に、対環境性に関する各種規格は、新規格が国家レベルで発生し、また、毎年と言ってもよいほど改定されています。大企業では、これらの規格や改定の情報収集を専門とするスタッフ部門が設立されていますが、中小・零細企業の場合は、そうもいきません。専門のスタッフがいても見過ごす場合があります。

しかし、その規格と密接な関連企業や業界団体は必ず知っています。つまり、常に真剣さやハングリー精神を持ち合わせていることが必要なのです。

ころころ変わる材料規格……。
実は、当社では何も調査していません。

Z zzz

そこで、**図表3-2-2**に示す「情報のカンバン方式」を提唱します。

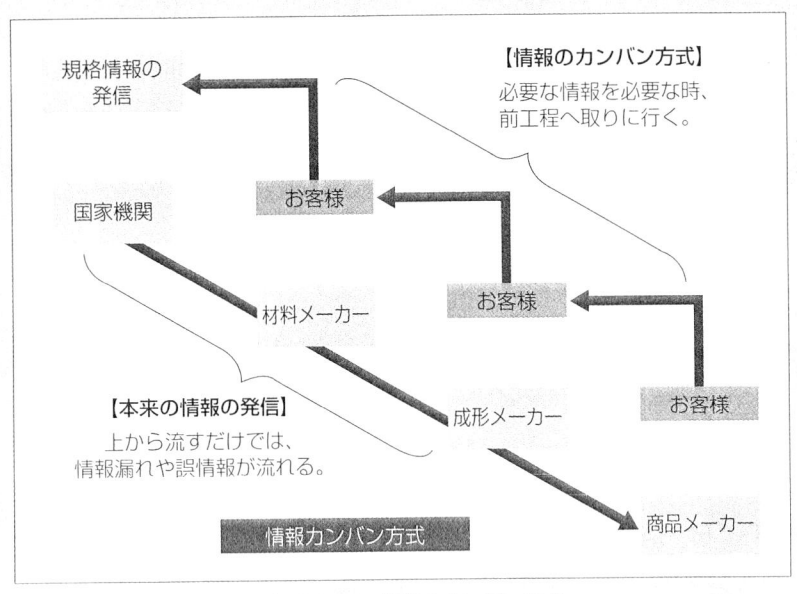

```
規格情報の                    【情報のカンバン方式】
 発信  ←――――――――――       必要な情報を必要な時、
              ↑              前工程へ取りに行く。
              |
            お客様 ←――――――
 国家機関                    |
              材料メーカー    |
                          お客様 ←――――
【本来の情報の発信】                       |
上から流すだけでは、          成形メーカー   |
情報漏れや誤情報が流れる。               お客様
                                      |
    情報カンバン方式                商品メーカー
```

図表3-2-2　情報のカンバン方式

「情報のカンバン方式」は、しっかりとした仕組み作りが重要です。

「しっかりとした仕組み」とは、地域の商工会議所や工業振興会、または、競合であっても安全と環境材料に関しては情報を共有する（ナレッジマネージメント）仕組みが、中小・零細企業の存続のために必要です。

> **目利き力**　設計プロセスにおいて、材料の「規格漏れ」が最も恐ろしい。それは、欠陥商品になる場合が多い。

> **目利き力**　安全と安心と環境情報は、競合企業とも共有すること。

3-3 樹脂設計は最難関レベル

3-3-1. 変身度最大の樹脂加工

若き日の筆者は、「機械設計は、鋳物の設計ができて一人前」と先輩から言われていました。しかし、現在は、前文の「鋳物」が「樹脂」に変わりました。

切削加工も板金加工も樹脂加工も、加工側は世界一の生産技術力を有する日本ですから、どれをとっても難しい技術が集結しています。

しかし、設計側から見ると、「樹脂設計」が最難関なのです。図表3-3-1を見てみましょう。

特に樹脂は次ページの注1で説明する「変身度」が大きく、設計的には難易度の高いアイテムです。

加工法		変身の内容		変身度(注1)
		形状の変身	状態の変身	
板金加工		・2次元(平面)⇒2次元(平面) ・2次元(平面)⇒3次元(立体)	・固体⇒固体	中
樹脂加工		・1次元(ペレットと呼ぶ小粒の原料) ⇒2次元(液体、流動体) ⇒3次元(立体)	・固体 ⇒液体(流動体) ⇒固体	大
切削加工	フライス	・2次元(平面的:注2) ⇒2次元(平面的:注2)	・固体⇒固体	中
	旋盤	・1次元(直線的:注3) ⇒1次元(直線的:注3)	・固体⇒固体	小

図表3-3-1 加工法と材料の変身度
(出典:「ついてきなぁ!加工部品設計で3次元CADのプロになる!」日刊工業新聞社刊)

ここで、図表3-3-1の注釈を説明します。

・注1について:

「変身度」とは本書における造語です。例えば、樹脂部品はペレットと呼ぶ小粒の原料(固体)から、熱くてドロドロの流動体(液体)となり、金型へ注入されます。そして、ある程度冷却されると、成形機から取り出し、製品(固体)になります。このように、大きな変身を経て誕生しますので「変身度:大」と定義しました。

・注2について：
　図表中における注2の「平面的」とは、本来、フライス加工の材料と加工品は、棒状や板状や鋳物による立体形状ですが、樹脂に比べて単純形状が多く、3次元よりも2次元に近いため「平面的」と表現しました。

・注意3について：
　同様に図中における注3の「直線的」とは、本来、旋盤加工の材料と加工品は棒状による単純な立体形状なので、3次元よりも1次元に近いため「直線的」と表現しました

> 樹脂部品って、形状も状態も大変身するから設計や加工が難しいのですね？
>
> 「樹脂設計を制する者は、機械設計を制す」……ですよね！

> オイ、まさお！
> そこまで、言うなら**よ**ぉ、
> トラブルも多いってこと、
> 気づきやがれ**て**んだよ。

目利き力　樹脂設計を制する者は、機械設計を制す。

目利き力　樹脂部品は「変身度大」につき、設計と加工の「難易度大」であり、トラブルも多い。

3-3-2. 樹脂トラブルのランキング

それでは巌さんの忠告に従い、樹脂材料に拘わるトラブルを分析しました。ただし、材料は、「PMMA」、「PP」、「PC」、「PS」、「ABS」、「POM」に限定し、加工法は「射出成形」に限定しています。

図表3-3-2は、前述の条件下におけるトラブルのランキングです。「収縮」が圧倒的な第1位です。「樹脂を高精度で切削したい」という質問が当事務所へきますが、このランキング図表を見て納得していただいています。

「樹脂を切削するなんてナンセンスです！」と……。

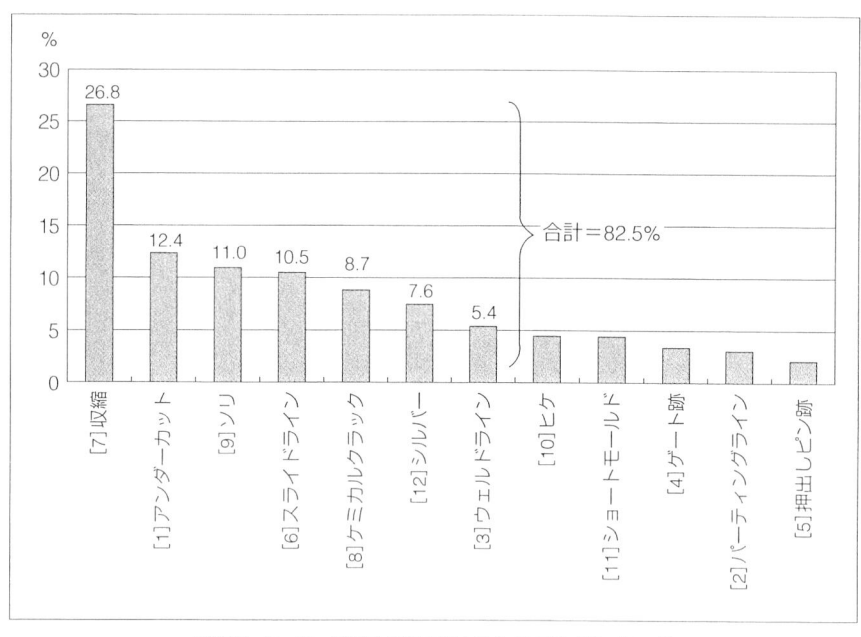

```
%
30
    26.8
25
20
15                                                合計＝82.5％
              12.4
              　    11.0
                        10.5
10                            8.7
                                   7.6
                                        5.4
 5                                            4.5  4.4
                                                        3.3  3.0  2.1
 0
    [7]  [1]  [9]  [6]  [8]  [12] [3]  [10] [11] [4]  [2]  [5]
    収  ア  ソ  ス  ケ  シ  ウ  ヒ  シ  ゲ  パ  押
    縮  ン  リ  ラ  ミ  ル  ェ  ケ  ョ  ー  ー  出
       ダ     イ  カ  バ  ル          ー  ト  テ  し
       ー     ド  ル     ド          ト  跡  ィ  ピ
       カ     ラ  ク     ラ          モ     ン  ン
       ッ     イ  ラ     イ          ー     グ  跡
       ト     ン  ッ     ン          ル     ラ
              　  ク                       　  イ
                                           ン
```

図表3-3-2　樹脂材料におけるトラブルランキング

> これぞ設計力アップのデータですね！

> 今すぐ頭に叩き込め！

3-3-3. 樹脂トラブルのランキング別の解説

図表3-3-2の82.5％を占める樹脂材料、樹脂部品に関する代表的なトラブルを解説します。

① 収縮 ：図表3-1-9に示すように、樹脂成形は、固体（原料）⇒液体⇒固体（製品）と「変身」を経て完成する。固体（原料）を液体にするには大きな熱エネルギを必要とする。そして、最終的にはこの大きな熱エネルギを奪って、固体（製品）にする際、この大きなエネルギが悪さをする。

　それが、「収縮」である。字のごとく、形状や寸法が「収縮」するトラブルである。

② アンダーカット ：図表3-3-3に示すように、この部品は図中のY方向上下に型があり、容易に取り出せると思いきや、2箇所の凸部が邪魔して取り出せないことに気づく。

　これを「アンダーカット部」、または、単に「アンダーカット」と呼ぶ。アンダーカット部は、図中のX方向に抜く「スライダー」と呼ぶ型を必要とする。アンダーカットは、筆者としては単なる検討不足であり、トラブルとして扱ってほしくはないが、実際、出図後の型設計中に発覚することが多く、開発遅延の一原因になっている。

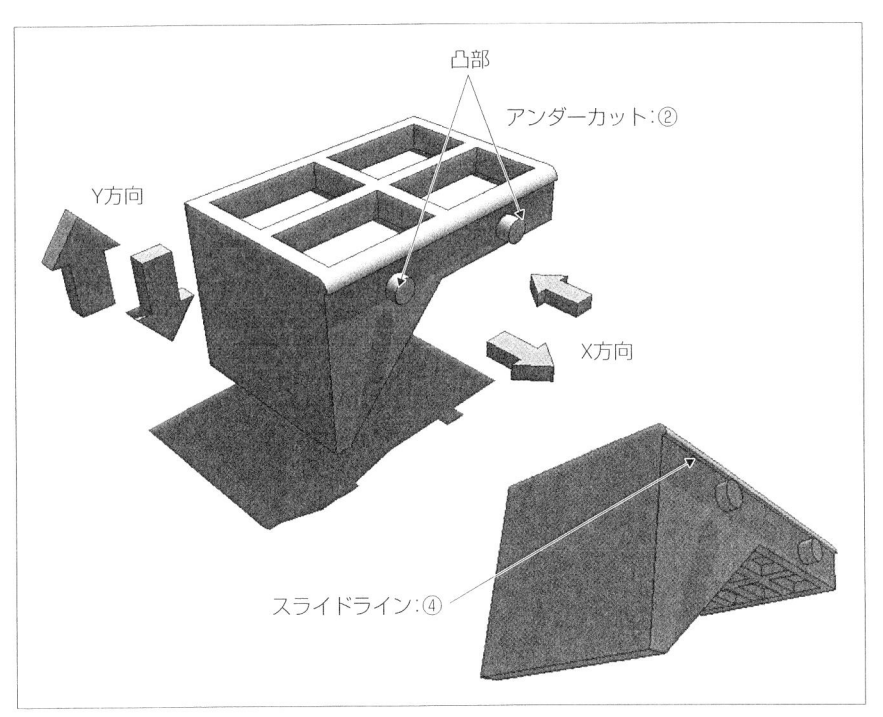

図表3-3-3　アンダーカットとスライドライン

③ ソリ ：図表3-3-4に示すのが、「ソリ」である。反っているから「ソリ」と呼ぶ。原因は、巨大なリブによる「収縮」で①と同じである。

　また、図中には「ソリ」を回避する「設計ルール」を記載した。詳しくは、「ついてきなぁ！加工部品設計で３次元CADのプロになる！」（日刊工業新聞社刊）を参照してほしい。

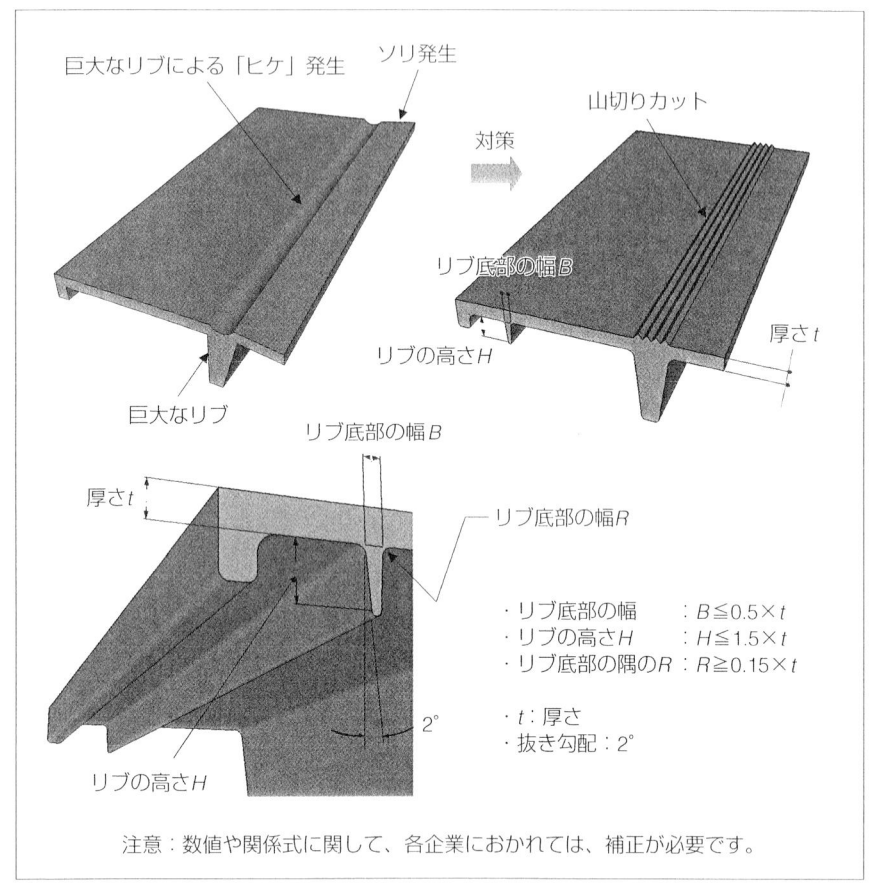

・リブ底部の幅　　：$B \leq 0.5 \times t$
・リブの高さH　　：$H \leq 1.5 \times t$
・リブ底部の隅のR：$R \geq 0.15 \times t$

・t：厚さ
・抜き勾配：2°

注意：数値や関係式に関して、各企業におかれては、補正が必要です。

図表3-3-4　ソリとソリの回避方法
（出典：「ついてきなぁ！加工部品設計で３次元CADのプロになる！」日刊工業新聞社刊）

④ スライドライン ：図表3-3-3をもう一度見ると、図表の右側に「スライドライン」がある。

アンダーカット部を形成するには、「スライダー」と呼ぶ型が必要であると述べたが、この型と上下型の「合わせ面」が必要である。
　この合わせ面は、数学的には「0（ゼロ）」であるが、実際は精度やごみがあり「段差」が生じる。この段差が「スライドライン」であり、外観や精度を低下させる。

⑤ ケミカルクラック：「ケミカルクラック」は、「ケミカルアタック」や「ソルベントクラック」とも言う。当事務所のクライアント企業では、「ケミカルクラック」の呼び方が定着している。
　どんな樹脂も熱を帯びてこの世に生まれ出てくるので、大きな残留応力をもっており、ただでさえ、割れやすくなっている。
　そこにケミカル、つまり、化学薬品の化学反応エネルギが加わることで、クラック（割れ）がさらに入りやすくなる。軸受のグリスや板金の防錆油に触れただけでクラックが入る場合も少なくない。
　このトラブルは、世代を超え、何度も繰り返すトラブルである。特に、図表3-1-4に示したPC（ポリカーボネート）に注意されたい。当事務所のクライアント先では、デザインレビューの定番質問としている。

⑥ シルバー：図表3-3-5における「シルバー」は、原料であるペレットの吸水によって、製品の表面にできる白いカビのような模様である。
　模様だけなら許せる場合もあるが、この部分の強度が周辺と同じはずがない。つまり、強度が低下している部分でもある。

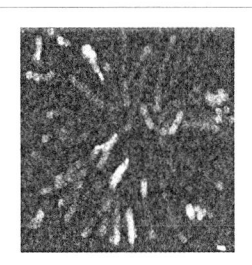

シルバー：⑥
（イメージ図）

図表3-3-5　シルバーのイメージ図

⑦ ウェルドライン：樹脂が割れる強度上のトラブルのほとんどが、図表3-3-6に示すウェルドラインの部分である。例えば、樹脂ギアの強度計算をCAE解析（コンピュータを利用した強度解析）するとき、材料の知識の他、この加工法知識、つまり、得手不得手を知っている技術者と知らない技術者では大きな差が生じる。ウェルドラインの部分は、安全率を高めに設定する必要がある。当事務所のクライアント先では、デザインレビューの定番質問となっている。

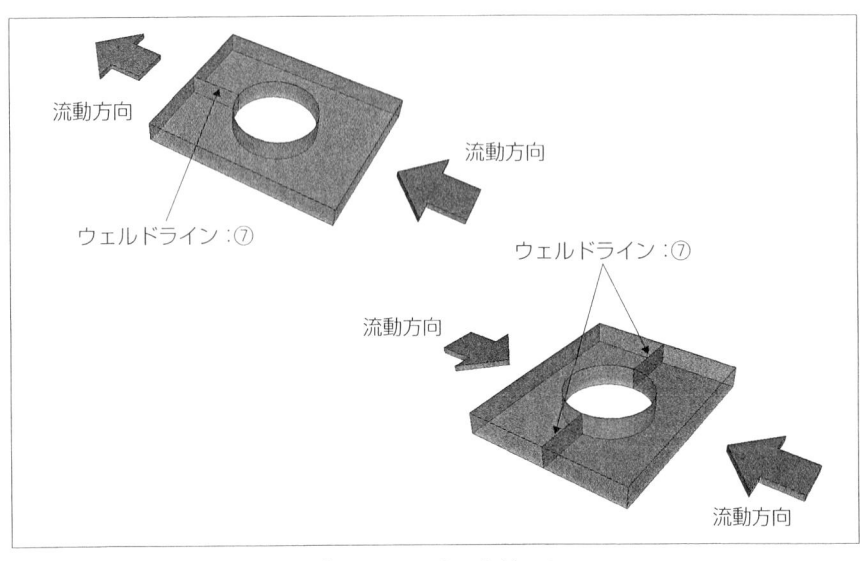

図表3-3-6　ウェルドライン

> **目利き力** アンダーカットは、出図後の型設計中に発覚することが多い。開発遅延の一原因になっている。

> **目利き力** PC（ポリカーボネート）は、ケミカルクラックに弱い。周辺の化学物質に注意！

> **目利き力** 樹脂割れのトラブルのほとんどが、「ウェルドライン」である。

3-4 樹脂材料の最適な選択法

　第1章の切削用材料でも、第2章の板金材料でも、「設計力アップ」と標準化のために大胆に材料を絞ってきました。
　今、隣国の工業力が急進して以来、最高の材料を使って、最高の設計を施すことはどの工業国のどのような技術者でも可能です。

　設計のプロとは、限られた条件の中で最高の設計を提供する職人のことです。たとえば、JISでは一般構造用圧延鋼材として、「SS330」、「SS400」、「SS490」、「SS540」と4種類が存在します。ここで、第2章の図表2-4-1を見てください。大胆にも「SS400」の一本に絞りました。

　それでは、樹脂材料に話を戻します。残念ですが、樹脂はこのような絞り方ができません。金属とは、神様の創造物です。合金は、その創造物を溶かして混ぜ合わせたものです。したがって、特性が大きく異なる物質はほとんどありません。想像の範囲内で生成されています。その特徴は、材料の均一性です。また、ルールを守れば環境にやさしい材料です。

　一方、樹脂は、神様の創造物ではなく、人間の創造物です。したがって、その樹脂には大きな欠点を有しています。代表的な欠点が、不均一性であること。そして、ルールを守ろうとしても、環境にダメージを与える材料が多いことです。

> ドッ……
> どうしよう？
> すべての材料を知らないとダメですか？

> でぇじょうぶだぁ！
> しんぺぇすんじゃねぇ。
> 学者じゃあるめぇし……
>
> しゅっちゅう使う汎用材料っていうのがあんのよ。
> 安心しなってぇ！
> 何度も、同じこと言わせるな！

目利き力　金属材料は神の創造物であり、均一性が長所である。樹脂材料とは人間の創造物であり、その欠点は不均一性であること。

第3章 設計力アップ！樹脂材料はたったこれだけ

したがって、樹脂材料の選択は適材適所に神経をとがらせなくてはなりません。図表3-4-1と図表3-4-2で、それを確認してください。

樹脂製おもちゃの電車（筆者設計）

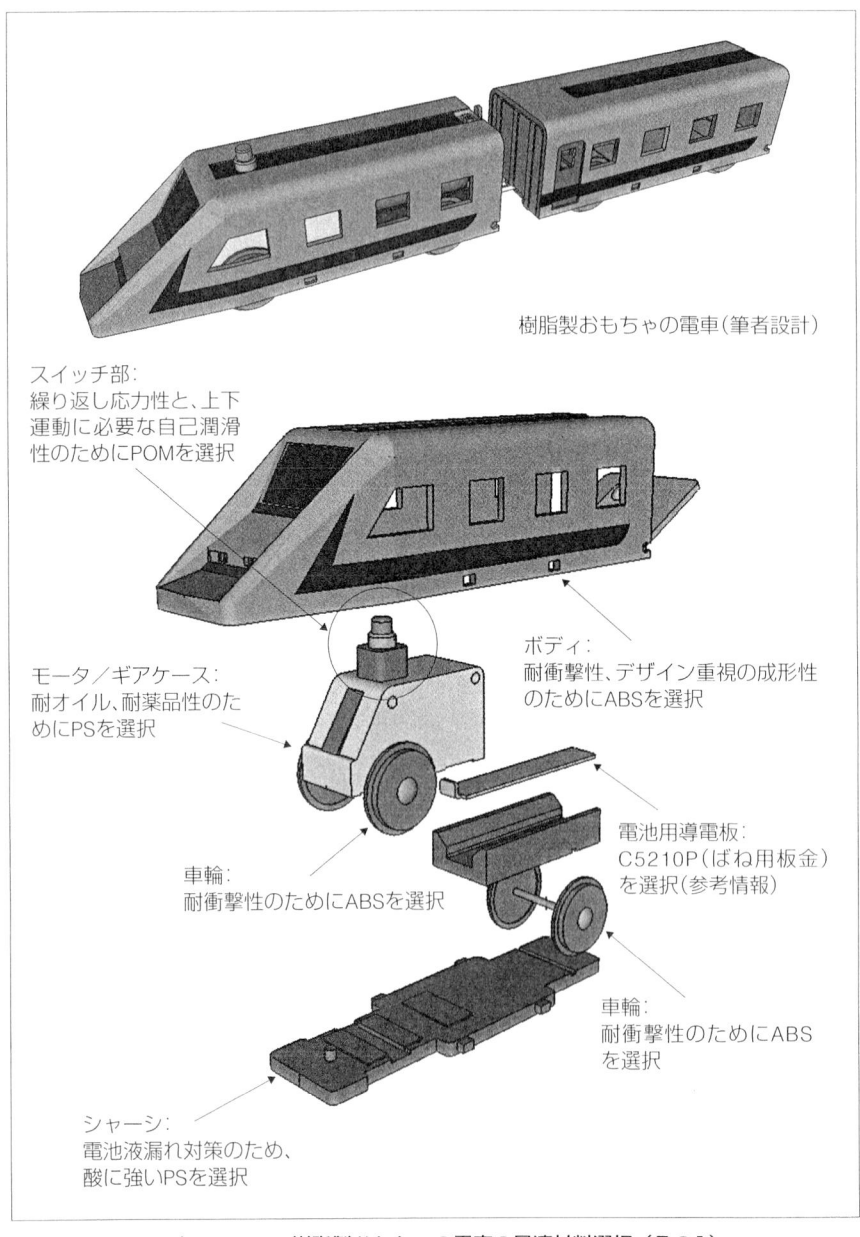

スイッチ部：
繰り返し応力性と、上下運動に必要な自己潤滑性のためにPOMを選択

モータ／ギアケース：
耐オイル、耐薬品性のためにPSを選択

車輪：
耐衝撃性のためにABSを選択

ボディ：
耐衝撃性、デザイン重視の成形性のためにABSを選択

電池用導電板：
C5210P（ばね用板金）を選択（参考情報）

車輪：
耐衝撃性のためにABSを選択

シャーシ：
電池液漏れ対策のため、酸に強いPSを選択

図表3-4-1　樹脂製おもちゃの電車の最適材料選択（その1）

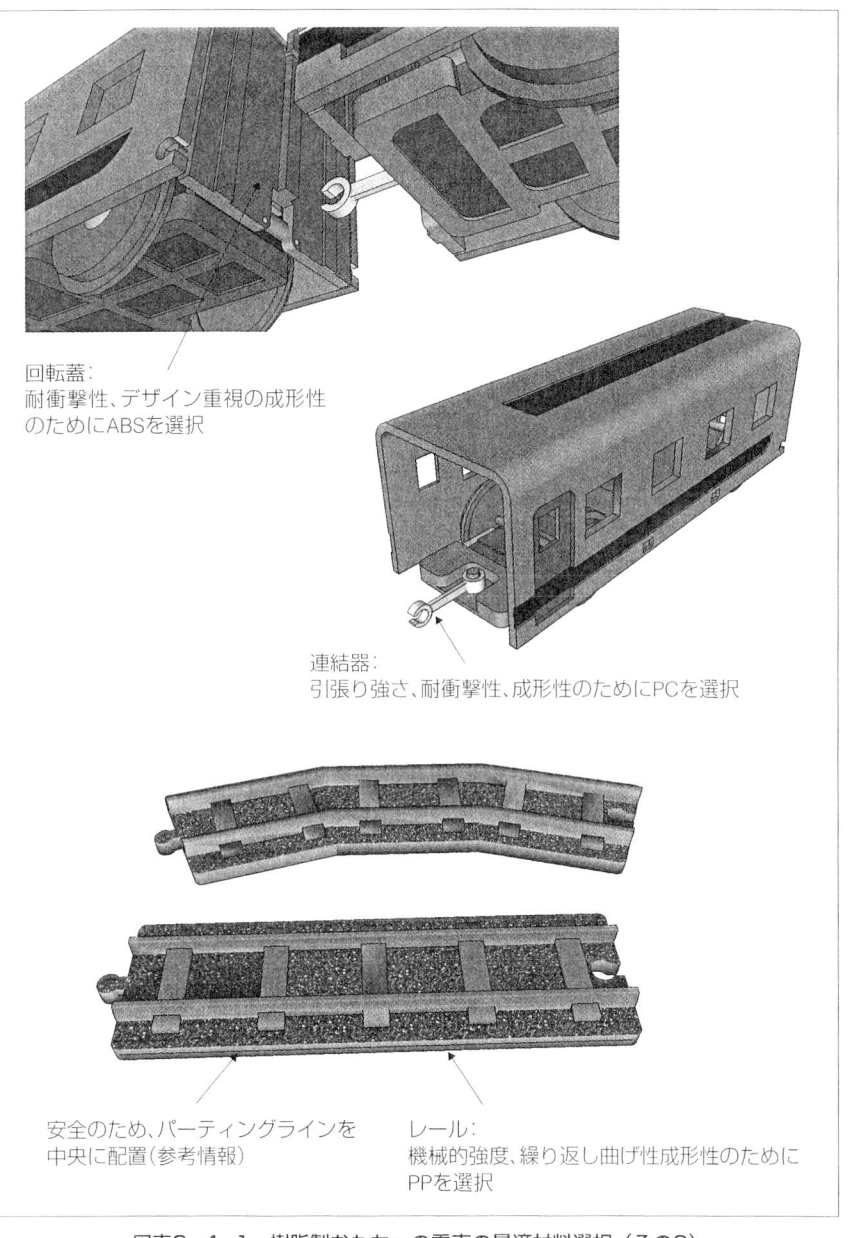

回転蓋：
耐衝撃性、デザイン重視の成形性
のためにABSを選択

連結器：
引張り強さ、耐衝撃性、成形性のためにPCを選択

安全のため、パーティングラインを
中央に配置（参考情報）

レール：
機械的強度、繰り返し曲げ性成形性のために
PPを選択

図表3-4-1　樹脂製おもちゃの電車の最適材料選択（その2）

目利き力・チェックポイント

　第3章における重要な「目利き力」を下記にまとめました。理解できたら「レ」点マークを□に記入してください。

〔項目3－1：樹脂材料のランキング〕
① 樹脂材料は、2段階ステップで理解しよう。第1ステップが「PMMA」、「PP」、「PC」、「PS」である。　□

② 第2ステップが、「ABS」、「POM」である。　□

③ 樹脂材料の材料コストの安さとバラツキを把握しよう。　□

〔項目3－2：ガソリン自動車とEV車の部品点数分析〕
④ 材料別の部品点数分析から、EV車が電子機器や家電品の仲間入りが証明された。　□

⑤ 設計プロセスにおいて、材料の「規格漏れ」が最も恐ろしい。それは、欠陥商品になる場合が多い。　□

⑥ 安全と安心と環境情報は、競合企業とも共有すること。　□

〔項目3－3：樹脂設計は最難関レベル〕
⑦ 樹脂設計を制する者は、機械設計を制す。　□

⑧ 樹脂部品は「変身度大」につき、設計と加工の「難易度大」であり、トラブルも多い。　□

⑨ アンダーカットは、出図後の型設計中に発覚することが多い。開発遅延の一原因になっている　□

⑩ PC（ポリカーボネート）は、ケミカルクラックに弱い。
周辺の化学物質に注意！　　　　　　　　　　　　　　　　　□

⑪ 樹脂割れのトラブルのほとんどが、「ウェルドライン」である。□

〔項目3－4：樹脂材料の最適な選択法〕
⑫ 金属材料は神の創造物であり、均一性が特徴である。樹脂材料とは、
人間の創造物であり、その欠点は不均一性であること。　　　□

　チェックポイントで70％以上に「レ」点マークが入りましたら、第4章へ行きましょう。

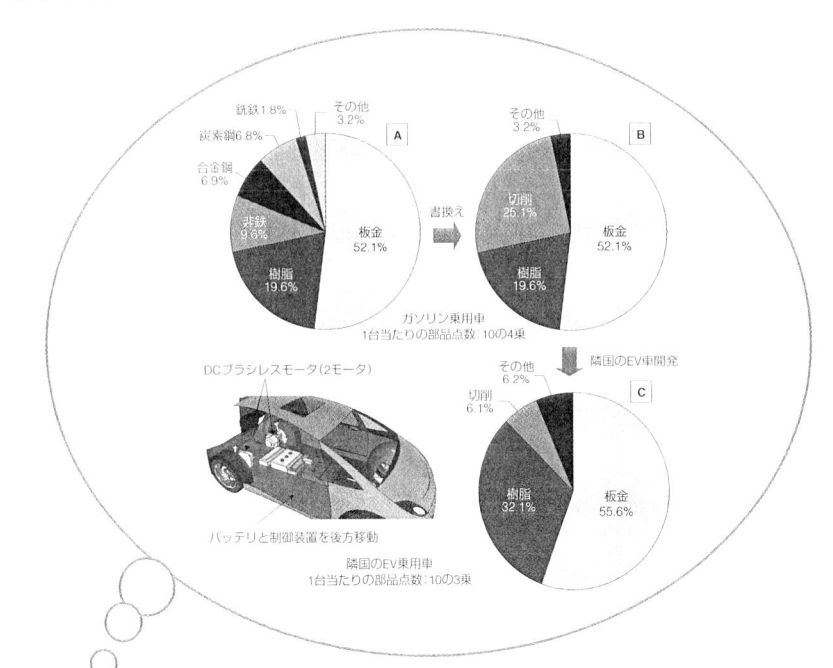

EV車は家電品！
図表3-2-1にショックを受けました。

第3章　設計力アップ！樹脂材料はたったこれだけ　183

目利き力

第4章
設計力アップ！「目利き力」の知識たち

4-1　「目利き力」とは
4-2　基本として必要な比重の知識
4-3　目利きに必要な縦弾性係数
4-4　目利きに必要な横弾性係数
4-5　目利きに必要な線膨張係数
4-6　CAEには欠かせない悩み多きポアソン比
4-7　目利きに必要な熱伝導率
4-8　比電気抵抗とIACS（一部の板金のみ）
4-9　規格外はルール違反！材料の標準サイズを知る
4-10　目利きに必要な引張り強さ
4-11　降伏点/疲れ強さ/0.2％耐力/ばね限界値
4-12　模範となる特徴/用途の例
4-13　材料費を算出できなければ職人にはなれない
4-14　入手性を知らない無責任技術者
　　　〈目利き力・チェックポイント〉

オイ、まさお！
いよいよ最終章だ。「目利き力」とは何か、
マグロの目利きから学ぶ**ぜい**！
まさしく、職人の域って**もんよ**。
職人とは**な**ぁ、ここから勝負が始まんのよぉ！

へい、厳さん！
合点承知！

第4章 設計力アップ！「目利き力」の知識たち

4-1 「目利き力」とは

「目利き力」とは、何か？

やはり、本書のコンセプトの一つである「料理」と「料理人」にたとえ、わかりやすく解説しましょう。

そして技術の「職人」を理解して下さい。

4-1-1. 料理人の「目利き力」

筆者と親しい下町の寿司職人が、「目利き力」を説明してくれました。

> プロの代表格である 寿司職人 は、どのような種類の 魚 でも、限られた予算の中で、より良いものを選ぶには「目利き力」が必要だ。
>
> これが、プロの 寿司職人 としての原点である。
>
> そして、……
>
> 目利きが難しい 魚の代表格がマグロ である。
>
> しかも、 一本何百万円にもなるのがマグロであり 、「失敗」が許されない。
> まさしく、「目利き力」が問われる。
>
> その「目利き力」とは、
>
> ① 漁場（どこで採れたマグロか？）
> ② 品種
> ③ 漁法（一本釣りより延縄）
> ④ 身焼けなきこと（マグロ自身の体温で肉が温められ白く変色）
> ⑤ 脂の乗り
>
> マグロの命は、脂の乗りと鮮度である。
>
> 限られた条件の中で、 最高の食材を仕入れるため の「目利き力」が上記である。

技術の職人もまったく同じです。左右のページで比較しましょう。特に、四角で囲んだ単語の置き換えに注目してください。

　プロの代表格である 技術の職人 は、どのような種類の 材料 でも、限られた予算の中で、より良いものを選ぶには「目利き力」が必要だ。
　これが、プロの 技術の職人 としての原点である。

　そして、……
　目利きが難しい 材料の代表格が切削用材料、板金材料、樹脂材料 である。

　しかも、 商品は三つの材料で90％を占め 、「失敗」が許されない。まさしく、「目利き力」が問われる。

　その「目利き力」とは、

① 比重
② 縦弾性係数
③ 横弾性係数
④ 線膨張係数
⑤ ポアソン比
⑥ 熱伝導率
⑦ 比電気抵抗とIACS（一部の板金のみ）
⑧ 標準材料サイズ
⑨ 引張り強さ
⑩ 降伏点/疲れ強さ/0.2％耐力/ばね限界値
⑪ 特徴/用途
⑫ コスト係数
⑬ 入手性

　 材料の命は、QCD である。

　限られた条件の中で、 最高の材料を選択するため の「目利き力」が上記である。

材料選択とは、そして、「目利き力」とは何かを理解できたと思います。

> 料理人の「目利き力」とは、限られた条件の中で、最高の食材を仕入れるための知識とその力量。

> 技術者の「目利き力」とは、限られた条件の中で、最高の材料を選択するための知識とその力量。

> うれしいこと、いってくれるじゃねぇかい！あん？
> 大工もおんなシってもんよぉ。
> 木材の「目利き力」がなきゃよぉ、すぐにヒビがへっちまうのよ。

技術者の職人を料理人と料理に例えるならば、
① 食材オタクにならないこと。
　（キャビアやトリュフやフォアグラには、特別に詳しくなる必要はない）
② 「誰でも知っている食材」、「皆が知っている食材」に熟知すること。
　（たとえば、庶民的なサンマやアジやマグロ）
③ 材料選択から勝負に出ること。
④ 化学成分表で材料の特性を判断しないこと。
⑤ 「材料特性は不明」では料理はできない！
⑥ 材料の命は、QCDにあることを認識する。

> 技術者は、材料選択から勝負に出ること。

> 材料の命は、QCDにあることを認識せよ！

皆さんは、ウンチクばかりの「食材オタク」の料理を食べたいですか？確かに、そのときはおいしいでしょう？しかし、毎日、毎食、食べられますか？きっと、健康（Q）をくずし、金欠病（C）となり、寿命（D）を短くするでしょう。

> 厳さん、不安になってきました。
> 早く機械材料の「目利き力」を学びましょう！

> でぇじょうぶだぁ！
> しんぺぇすんじゃねぇ。
> 料理人も大工も、技術屋もおんなシってもんよ。
>
> 定番のコツがあるんよ。ついてきなぁ！

　それでは、厳さんのいう「定番のコツ」、つまり、「目利き力」のコツを学んでいきましょう。

4-1-2. 材料特性の温度依存性に関する注意

　次項から、各種の「目利き力」の解説に入ります。ここで注意が必要です。次項の「比重」もそうですが、その後の「縦弾性係数」や「引張り強さ」など、どれをとっても温度に依存する材料特性です。そして、本書の材料特性のデータは、すべて常温の場合のデータです。

　本書のコンセプトですが、まずは、何でも知っている「材料オタク」ではなく、

・誰でも知っている材料
・皆が知っている材料

その材料を熟知する「目利き力」をもった「職人」になることです。したがって、まずは、「常温」での材料特性を把握してください。

　次に、皆さんが、「400℃」で使用する商品に携わっている場合ならば、「常温」および「400℃」の特性データが必要になりますので、都度、材料メーカーとの相談が必要です。

> **目利き力**
> 材料の相談は、材料オタクや自称専門家ではなく、必ず、メーカーの営業や営業技術に問い合せること。

　Web上の無料相談は、参考程度に留めましょう。文責がないことが難点です。

4-2 基本として必要な比重の知識

比重とは、小学校の高学年で習いました。**図表4-2-1**に示す「10mm×10mm×10mm」の立方体の「質量（重さ）」を表します。水は、1gです。

図中の「SUS304」のステンレス材と「A5042」のアルミ板の比重は、「7.9」および「2.7」ですから、それぞれの立方体の質量Wは、

$$W(SUS304) = 10 \times 10 \times 10 \times 7.9 \times 10^{-3} = 7.9g$$
$$W(A5052) = 10 \times 10 \times 10 \times 2.7 \times 10^{-3} = 2.7g$$

となります。本書に掲載されるすべての材料の比重を記載しました。

SUS304の場合
【目安】比重：7.9　縦弾性係数：193kN/mm²、横弾性係数：75kN/mm²　線膨張係数：17.3×10⁻⁶/℃
　　　　ポアソン比：0.30　熱伝導率：16W/(m・K)

A5052の場合
【目安】比重：2.7　縦弾性係数：70kN/mm²、横弾性係数：25kN/mm²　線膨張係数：24×10⁻⁶/℃
　　　　ポアソン比：0.33　熱伝導率：135W/(m・K)

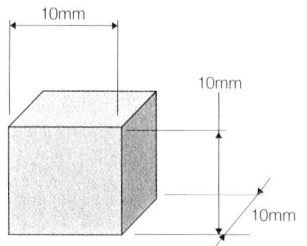

No	記号	サイズ (mm) 【目安】	引張強さ (N/mm²) 【目安】	降伏点 (N/mm²) 【目安】	Q 特徴/用途（切削用と板金が混在）	C コスト係数	D 入手性
[40]	SUS 304	【厚さ】6-120 【丸鋼径】5.5-60	520	210	【特徴】耐食性、非磁性、冷間加工の硬化で微磁性発生（磁化あり）、光沢あり、加工性良好、18-8ステンレス（旧称） 【用途】フェンス、バルコニー、時計部品、キッチン（厨房部品）	3.38	良好
[6]	A 5052	【厚さ】0.4-100 【丸材径】3-200	255	疲れ強さ (N/mm²) 120	【特徴】耐海水性、耐食性、加工性良好、中強度 【用途】船舶内装、ドア、フェンス、カメラ部品、自動車のホイール、車両	3.65	良好

図表4-2-1　比重について

4-3 目利きに必要な縦弾性係数

本書に掲載されるすべての材料に縦弾性係数を記載しました。

縦弾性係数（たてだんせいけいすう）は、図表4-2-1に掲載した「比重」の真横に記載される材料特性です。「じゅうだんせいけいすう」と呼ぶ人もいますが、この後、横弾性係数（よこだんせいけいすう）が存在しますので、「たて・と・よこ」の対として、「たてだんせいけいすう」の呼称でお願いします。

次に単位系を解説します。
圧力や応力の単位は、国際単位系（SI単位系ともいう）で、「Pa（パスカル）」で表示します。これが正統派です。

$$1Pa=1N/m^2$$
$$1N=1/9.8\ kg ≒ 1/10\ kg$$
（N：ニュートンと呼ぶ）

1Paとは、1平方メートル（m^2）の面積あたり1Nの力が作用する圧力または応力と定義されています。ところが、材料メーカーでは、以下の二つの表示に二分されています。

---
① SUS304の縦弾性係数：193kN/mm^2
② SUS304の縦弾性係数：193GPa（ギガ・パスカル）

G（ギガ）とは、パソコンやUSBメモリーで使用されている「KB（キロバイト）」、「MB（メガバイト）」、そして「GB（ギガバイト）」と全く同じ要領です。

そして、本書は、①を選択しました。
本書のコンセプトは、「設計力アップ」と標準化による低コスト化です。「Pa」ではピンとこない世代にも応えるため、そして、10で割れば「N」も「kg」も暗算で変換できるからです。

たとえば、代表的なS45Cの縦弾性係数は、200 kN/mm^2= 200 GPaで、数値はそのままの 200 であり、SI単位系に対応できます。
また、200 kN/mm^2≒ 20000 kg/mm^2と暗算できます。
「kg/mm^2」という昔の単位系でホッとするという年齢層の方が非常に多く存在します。ここまで、すべて暗算でできます。

第4章 設計力アップ！「目利き力」の知識たち

さて、話を縦弾性係数に戻します。
　縦弾性係数は、高校で習った「ヤング率」そのものです。ヤング率といえば、ばねが登場し、「フックの法則」が出てきました。覚えていますか？
　それでは、下記に「フックの法則」を記載します。

> フックの法則：E（縦弾性係数）$= \sigma$（応力）$/ \varepsilon$（ひずみ）

　たとえば、本書における鋼材や鋼板の場合、**図表4-3-1**の特性を有しています。これを、「軟鋼の応力－ひずみ線図」といいます。各種の資格試験や入社試験における出題の定番ですから、今すぐに暗記しましょう。

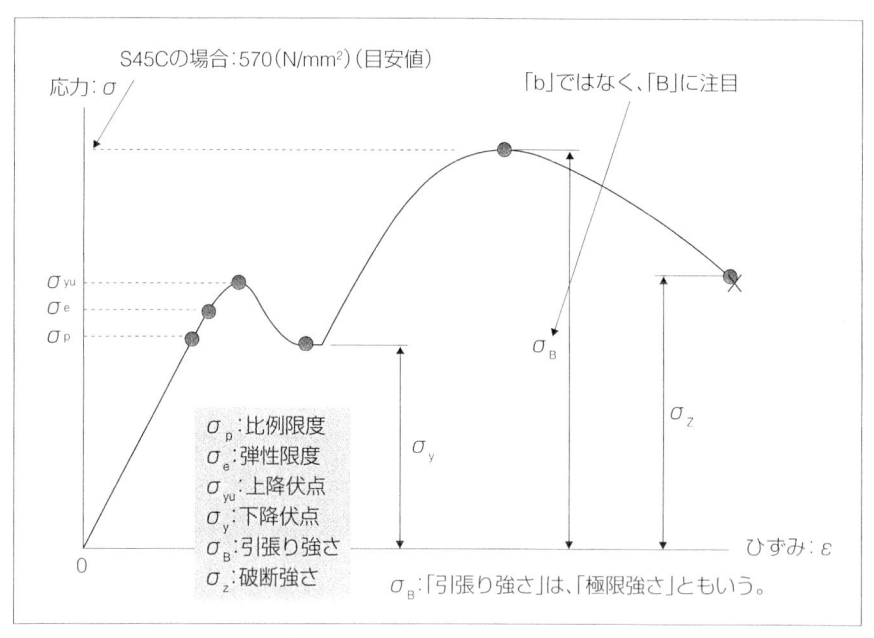

図中注記：
- S45Cの場合：570（N/mm²）（目安値）
- 「b」ではなく、「B」に注目
- 応力：σ
- σ_{yu}、σ_e、σ_p
- σ_p：比例限度
- σ_e：弾性限度
- σ_{yu}：上降伏点
- σ_y：下降伏点
- σ_B：引張り強さ
- σ_z：破断強さ
- σ_B：「引張り強さ」は、「極限強さ」ともいう。
- ひずみ：ε

図表4-3-1　軟鋼の応力-ひずみ線図

　図表4-3-1の原点（0点）からσ_p（比例限度）の間で成立するのが、フックの法則であり、そこには縦弾性係数が存在します。この直線部が、この後、重要な意味合いを持ちます。
　このページでは、「重要」であることだけ記憶しておいてください。

実は、縦弾性係数に関する詳しい解説は、第1章の項目1-5-3で記載済みです。それでは、まさお君に復習してもらいましょう。

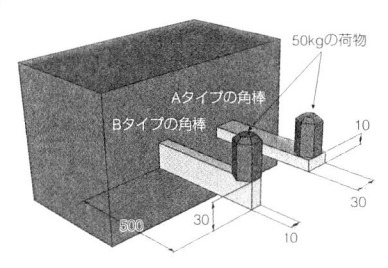

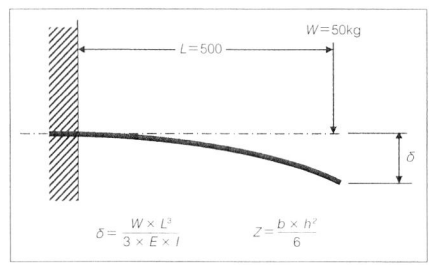

$$\delta = \frac{W \times L^3}{3 \times E \times I} \qquad Z = \frac{b \times h^2}{6}$$

計算項目と結果	Aタイプの角棒	Bタイプの角棒
縦弾性係数：E	206 Gpa（21000 kg/mm²）	
b	30 mm	10 mm
h	10 mm	30 mm
断面係数：Z	500	1500
y	5 mm	15 mm
断面2次モーメント：I	2500 mm⁴	22500 mm⁴
たわみ量 δ	39.6 mm	4.4 mm

上から順に、「図表1-5-4」、「図表1-5-6」、「図表1-5-7」でしたよね。

AとB、どちらの角棒がたわむかという問題でした。縦弾性係数って、ここでこうやって使うのです！

小さくてよぉ、見えねぇじゃねぇかい！あん？しょうがねぇから、前に戻って復習すっか！

目利き力 鋼材や鋼板に関する「軟鋼の応力‐ひずみ線図」は、技術者の常識である。

第4章 設計力アップ！「目利き力」の知識たち

次に、図表4-3-2の左側を見てください。

引張り荷重と圧縮荷重の総称を「垂直荷重」と呼びますが、物体に垂直荷重Wがかかれば、垂直応力σが発生します。

ここで、物体の断面積を「A」とすれば、

$$\sigma（垂直応力）= W/A$$

となります。

また、物体に曲げモーメントがかかれば、σ_b（曲げ応力）が発生します。曲げ応力といっても、引っ張られている側（図中の下側）は、引張り応力であり、圧縮側（図中の上側）は圧縮応力になります。

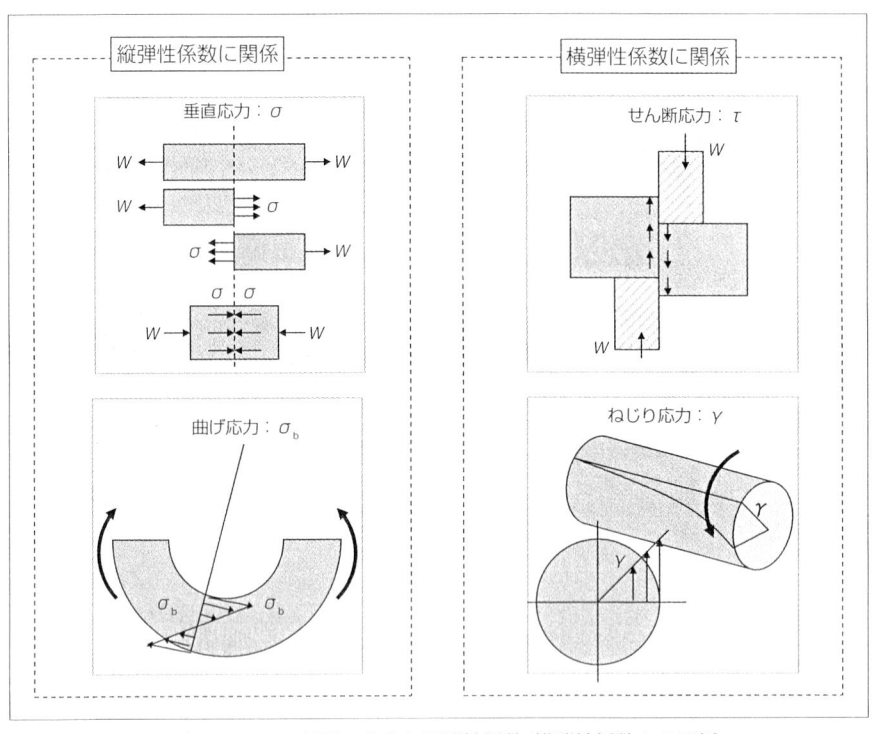

図表4-3-2　各種の応力と縦弾性係数/横弾性係数との関係

垂直応力と曲げ応力は、縦弾性係数に関連する。

今、割り箸を両手で曲げるとき、前ページ挿絵の図表1-5-4に示すように、50kgの荷物が垂直方向だけにかかるような単純モデルならば、「縦弾性係数」を使って応力計算などを解きます。
　しかし現実は、単純モデルで解けるケースばかりではありません。「縦弾性係数」が存在すれば、「横弾性係数」もあることを推測し、次項へ進みましょう。

4-4 目利きに必要な横弾性係数

　本書に掲載されるすべての材料の横弾性係数を記載しました。
　さてもう一度、図表4-3-2を見てください。図中の右側、つまり、「せん断応力」と「ねじり応力」に係わる場合に「横弾性係数」の出番となります。
　横弾性係数は、縦弾性係数における σ（応力）と ε（ひずみ）の関係を、τ（せん断応力）と γ（せん断ひずみ）の関係に置き換えて考えます。

フックの法則：E（縦弾性係数）＝ σ（応力）／ ε（ひずみ）

⬇ 置き換え

フックの法則：G（横弾性係数）＝ τ（せん断応力）／ γ（せん断ひずみ）

　たまには英語を使ってみましょう。「せん断」とは、「Shearing」のことです。辞書を引けば、「はさみで切ること。金属板などを上下一対の刃物で切断すること」と訳しています。
　図表4-3-2を見ると、まさしく、紙をはさみで切る場合や、ファイル用のパンチ穴を開けた際の断面を想像できます。紙の場合でイメージできたら、紙を板金などの金属に置き換えましょう。

　図表4-4-1は、図表4-3-2に示したせん断の単純モデル図をリアルな立体図で表現しました。図中の上部から、「だれ面」、「鏡面」、「破断面」、「バリ」とありますが、すべてをまとめて「せん断面」と呼びます。

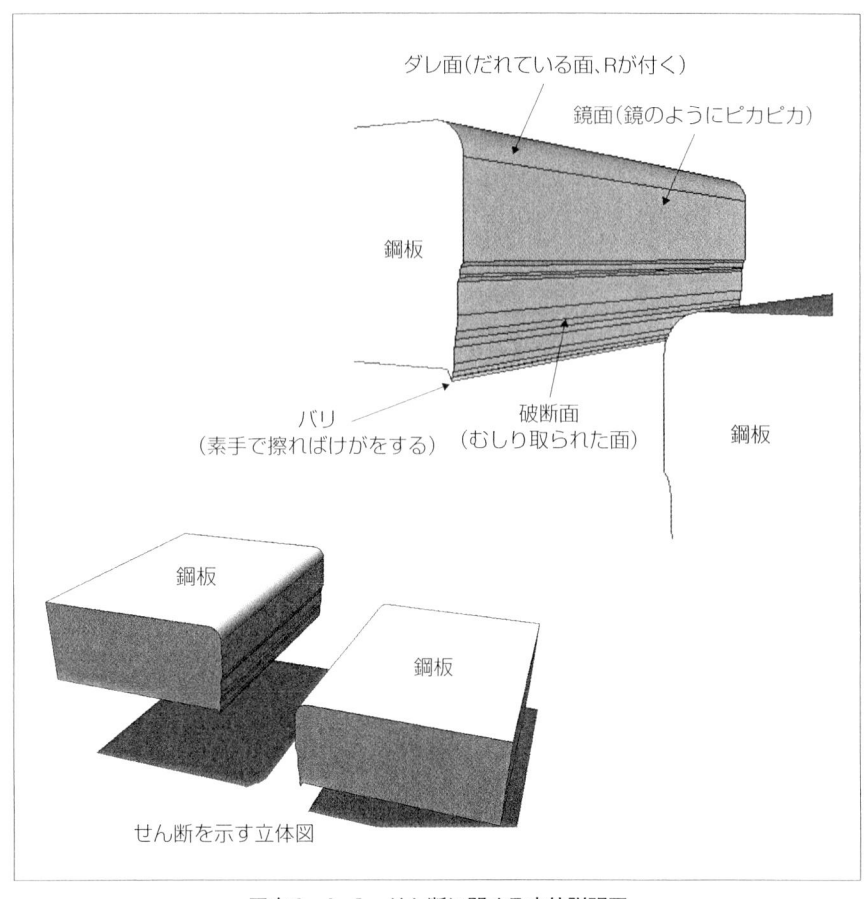

図表4-4-1 せん断に関する立体説明図

　もう一度、図表4-3-2に戻りましょう。
　今度は、右側の下の図です。「ねじり応力」ですが、これも「せん断」であり、「せん断応力」を発生させます。
　前述の解説が上下方向の「せん断」でしたが、ねじりは、中心軸を回転中心にした円周方向の「せん断」であると考えることができます。

目利き力　せん断応力とねじり応力は、横弾性係数に関連する。

4-5 目利きに必要な線膨張係数

本書に掲載されるすべての材料の線膨張係数を記載しました。

各材料特性表の上部欄右端には、「線膨張係数：$17×10^{-6}/℃$」などが記載されています。この線膨張係数は、「線膨張率」と呼ばれる場合もあり、筆者は高校の物理で学習し、大学入試にも出題されていた記憶があります。

単位を見ると「$/℃$」となっていますので、線膨張係数とは、温度が1℃変化したときの膨張率です。

文章による説明よりも練習問題を解いた方が理解は早いと思います。

【例題】
SUS304（ステンレス材）とA5052（アルミ）の材料で、ともに長さ510 mmの棒がある。今、環境温度が15℃から38℃に上昇した場合、それぞれの伸びを計算しなさい。

・SUS304の場合
　伸び $\lambda = 17×10^{-6}×510×(38-15) = 0.20\,\text{mm}$

・A5052の場合
　伸び $\lambda = 24×10^{-6}×510×(38-15) = 0.28\,\text{mm}$

4-6 CAEには欠かせない悩み多きポアソン比

「七五三飴（あめ）」を想像しながら、図表4-6-1でポアソン比を説明します。棒状の飴を軸方向に力(W)で引っ張ったとき、軸方向の伸び、つまり、縦ひずみ（$\lambda/2×2=\lambda$）が発生します。

伸びた部分があるということは、縮む（圧縮）部分もあるわけで、それが、図中のdからd_1へ縮む（圧縮）、つまり、横ひずみ（$\delta/2×2=\delta$）が発生します。

そして、縦ひずみの「比」と横ひずみの「比」を下記のポアソン比と呼びます。

・縦ひずみの比　：$\varepsilon = \lambda/L$
・横ひずみの比　：$\varepsilon_1 = \delta/d$
・ポアソン比　　：$\nu = \varepsilon_1/\varepsilon$

第4章 設計力アップ！「目利き力」の知識たち

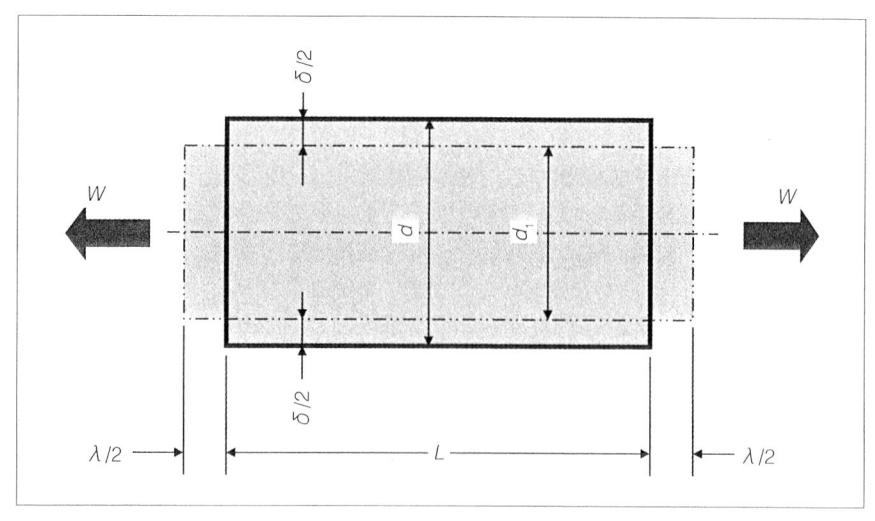

図表4-6-1　ポアソン比の説明図

　次に、ポアソンの意義を解説します。まず、ポアソン比の範囲は以下となります。

① 　理論的な範囲：$-1 \leq \nu \leq 0.5$
② 　実用的な範囲：　$0 \leq \nu \leq 0.5$

　本書のコンセプトに沿って②に絞ると、**図表4-6-2**に示す各種の材料事例が提示できます。

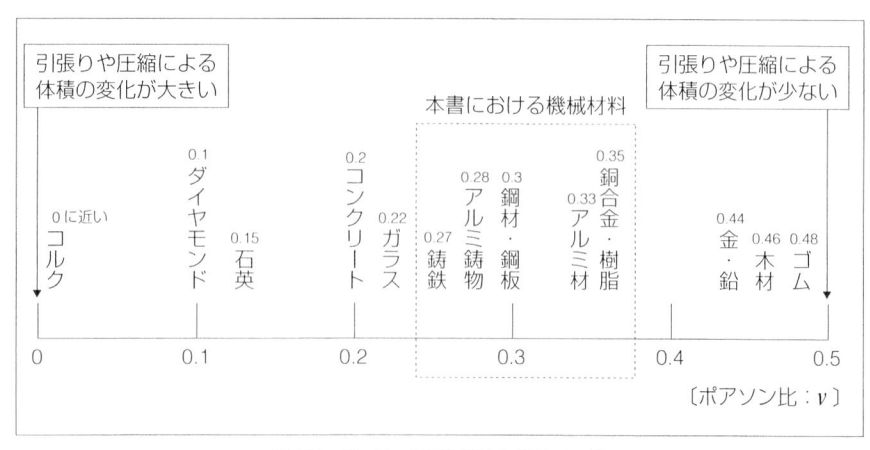

図表4-6-2　各種材料のポアソン比

図表4-6-2から、以下の分析ができます。

① 本書における「機械材料」のポアソン比は、「0.3」近傍にある。
② ポアソン比が0（ゼロ）に近いコルクは、日本酒やワインの栓に最適！
③ ポアソン比が「0.1から0.2付近」の材料は硬くて脆い（もろい）
④ ポアソン比が「0.4〜0.5」の材料は薄く延ばせる。箔（はく）にできる。
⑤ ポアソン比が「0」および「0.5」近傍の材料は、防振材や防音材としても使用されている。

そして、最後は以下の式4-6が存在します。有名な式であり、CAE（コンピュータ・シミュレーション）には欠かせません。

$$G（横弾性係数）=E（縦弾性係数）/2(1+\nu) \quad \cdots\cdots （式4-6）$$

しかし、困った条件が付きます。
　この式4-6は、材料が「等方性弾性体」においてのみ成立します。「等方性弾性体」とは、たとえば鋼材の場合、図表4-3-1の原点（0点）からσ_p（比例限度）の間で、強度や弾性係数が引っ張る方向に依存しません。これを、「等方性弾性体」と呼びます。

| No. | 材料 | 各材料の特性表から抜粋 | | | 式4-6で計算したポアソン比 ν_1 | 絶対値 % $(\nu-\nu_1)/\nu \times 100$ |
		縦弾性係数 E (kN/mm²)	横弾性係数 G (kN/mm²)	ポアソン比 ν		
1	SUS304	193	75	0.3	0.29	3.3
2	S45C	200	81	0.3	0.23	23.3
3	SCM435	206	82	0.3	0.26	13.3
4	A5052	70	25	0.33	0.4	21.2
5	ADC12	74	25	0.28	0.48	71.4
6	C2600	110	41	0.35	0.34	2.9
7	FC200	125	39	0.27	0.6	122.2
8	FCD450	170	77	0.27	0.1	63
9	PMMA	3.5	3.2	0.35	−0.45	228.6
10	PP	1.35	1.3	0.4	−0.48	220
11	PC	2.6	2.2	0.38	−0.41	207.9
12	PS	3.5	1.4	0.34	0.25	26.5
13	ABS	2.5	2.3	0.27	−0.46	270.4
14	POM	3.6	2.8	0.35	−0.36	202.9

図表4-6-3　特性表からのポアソン比と式4-6によるポアソン比

図表4-6-3のグレーの材料は、「異方性材料」または、それに相当する材料といいます。

「あぁ、なるほど！」とベテランの技術者ならば納得するデータと思います。なぜなら、特性表から抜粋したポアソン比νと、計算によるν_1の値が全く合っていません。また、前述した以下の式から大きく逸脱し、負の値（マイナス）も出現しています。

$$\text{実用的な範囲：} 0 \leq \nu \leq 0.5$$

「異方性材料」であるからこの結果となりました。「異方性材料」の代表的な材料が木材です。

木材は繊維方向の引張強度が高く、繊維に直角する方向の引張強度は高くありません。このような方向に依存するような材料を「異方性材料」と呼びます。

「異方性材料」に関して、……

ここで、技術の職人やCAEの方々への重要なメッセージです。

特にCAE（コンピュータ・シミュレーションによる応力解析）では、材料に関する縦弾性係数や、横弾性係数や、ポアソン比等をそれぞれ定義する必要があります。それは、本書の材料特性から、「縦弾性係数」と「横弾性係数」から、式4-6によるポアソン比を求めるのではなく、「縦弾性係数」と図表中に記載した「ポアソン比」を使用してください。

また、図表中の「横弾性係数」は、図表4-3-2に掲載した、τ（せん断応力）とγ（せん断ひずみ）のみに関わる解析に使用します。

筆者と親しい物性屋さんに聞きました。

物性屋にとって、「等方性材料」よりも「異方性材料」の物性の測定は、はるかに骨の折れる作業とのことです。たとえば、縦弾性係数を求めるより、横弾性係数の測定が困難と言っていました。したがって、設計値やCAEにおける特性の入力は、縦弾性係数を基本にします。

なお、本書に掲載されるすべての材料にポアソン比を記載しました。

> **目利き力** 実用的なポアソン比の範囲は、「$0 \leq v \leq 0.5$」である。

> **目利き力** 等方性材料は、G（横弾性係数）＝E（縦弾性係数）$/2(1+v)$

> **目利き力** 異方性材料は、縦弾性係数と横弾性係数とポアソン比をそれぞれ定義する必要があり、式4-6は使用しない。

> ちょっと難しい単語が多いのですが？

> 自分でも調べなきゃならんなぁ……

4-7 目利きに必要な熱伝導率

本書に掲載されるすべての材料の熱伝導率を記載しました。この熱伝導率は、高校の物理で習ったと思います。

さて、図表4-2-1に戻ると、図表上部の欄に熱伝導率：16W/(m・K) と記載されています。物体に温度差があると温度の高い部分から低い部分へ熱が移動します。熱伝導率とは、この熱移動の性能を表す係数です。熱伝導率の値が大きいほど移動する熱量が大きく、熱が伝わりやすいことになります。また、値が小さいほど断熱性能が高いといえます。

これも、CAEには欠かせない材料特性値です。

近年、商品の小型化と高実装化で「発熱」のトラブルが多発しています。また、EV車において、バッテリとモータの発熱は高効率化への天敵であり、ますます、材料の熱伝導率が、「目利き力」として問われる時代となっています。

ところで、次ページの**図表4-7-1**には、卓上ガスコンロに3種類の材料別の鍋がかけてあります。火力や鍋の大きさ、形状、材料の厚み、そして入っている水の量もすべて同じです。どの鍋が一番早く沸騰するでしょうか？空欄を埋めて考えましょう。なお、図表中の〔 〕には単位系を記述してください。

第4章 設計力アップ！「目利き力」の知識たち

材料の一般名称	ステンレス	アルミ	銅
材料の記号	SUS	A	C
熱伝導率 [ ]			
比重			
引張り強さ [ ]			
コスト係数			

図表4-7-1　鍋の材質と熱伝導率

目利き力　熱伝導率は、商品の高密度化や EV 車のバッテリやモータの高効率化において、「目利き力」として問われる。

ちょいとむずかしくなっちまったぜぃ！
ここらで、元に戻ろっか？
あん？
オイ、起きろ！

Ｚｚｚｚ……

4-8 比電気抵抗とIACS（一部の板金のみ）

　この「目利き」は、本書に掲載される一部の材料に関してのみ掲載されています。それは、第2章の「銅板金」と「ばね用板金」です。

　図表4-8-1は、それぞれのランキングにおける第1位を抜粋し、「比電気抵抗と導電率（％IACS）」の記載部分を丸印で囲みました。

【目安】比重：8.4　縦弾性係数：110kN/mm^2、横弾性係数：41kN/mm^2　線膨張係数：17×10^{-6}/℃
　　　　ポアソン比：0.35　熱伝導率（C2600、C2680）：110W/(m・K)
　　　　熱伝導率（C1020、C1100）：390W/(m・K)

【C1100、C1020の目安】比電気抵抗（$\mu\Omega\cdot$cm）：1.8　　導電率（％IACS）：97

No	記号	サイズ (mm)【目安】	引張強さ (N/mm^2)【目安】	0.2％耐力 (N/mm^2)【目安】	特徴/用途 (切削用と板金が混在)	コスト係数	入手性
					Q	C	D
[26]	C1100	【厚さ】0.4-8.0	195	70	【特徴】伝熱性、展延性、絞り加工性良好　【用途】電気部品、ガスケット、風呂釜	6.22	良好

SUS301-CSP、SUS304-CSPの場合
【目安】比重：7.9　縦弾性係数：193kN/mm^2、横弾性係数：75kN/mm^2　線膨張係数：17×10^{-6}/℃
　　　　ポアソン比：0.30

【SUS301-CSP、SUS340-CSPの目安】　比電気抵抗（$\mu\Omega\cdot$cm）：72　　導電率（％IACS）：2.4

No	記号	サイズ (mm)【目安】	引張強さ (N/mm^2)【目安】	ばね限界値 (N/mm^2)【目安】	特徴/用途 (切削用と板金が混在)	コスト係数	入手性
					Q	C	D
[6]	SUS301-CSP	【厚さ】0.1-1.6	930	315	【特徴】SUS304-CSPより硬い（ばね性が高い）、板ばね、ゼンマイ、耐候性、電気抵抗は高い、加工難　【用途】パソコンの接地ばね、携帯電話、注射針	4.2	良好

図表4-8-1　比電気抵抗とIACS

　比電気抵抗とは、材料内の電流の流れにくさを表す値です。単に、抵抗率や比抵抗とも呼ばれ、単位は、オームメートル（$\Omega\cdot$m）です。

もう少し、技術的な説明をすると、比電気抵抗とは、単位断面積当たり、および、単位長さ当たりの電気抵抗を示します。
　「抵抗」ですから、比電気抵抗が大きな材料ほど電流は流れにくくなります。

　一方、IACSとは、「あいあっくす」と企業では呼んでいます。単位も「IACS」、「％IACS」、「IACS％」と記述されます。本書では、「％IACS」を採用しました。

　「％IACS」は、国際標準軟銅（International Anneild Copper Standerd）の電気抵抗値が「$1.7241×10^{-8}Ω・m$」であり、これを基準の「100」として、各種の材料の導電率を相対比で表示したものです。単位は「％」です。

　前述の比電気抵抗が「抵抗」であるがゆえに、「比電気抵抗が大きな物質ほど電流は流れにくくなる」と解説しましたが、「IACS％」は数値が小さくなるほど電流は流れにくくなります。

　機械系というよりも電気系の技術者がCAEを実行する際には、重要な技術データです。

　また、近年は電気電子機器のおける「電波障害」に関する規定は、「VCCI[注1]のCLASS B[注2]に適合すること」が、商品価値の絶対条件となっています。

注1）一般財団法人 VCCI協会のこと。

注2）CLASS B：同協会が定めた電子機器から発生する妨害電波に関する規格のこと。

　この厳しい規格を満たすためには、第2章の「ばね用板金」による機器の確実な「接地」が適合への鍵となっています。
　ところで、接地とはなんでしょうか？
　次ページの「ちょいと茶でも」でコーヒーでも飲みながら理解しませんか？

オイラは、コーシーよりもあれが飲みてぇよ**なぁ**？

ちょいと茶でも……

接地とは

> オイ、まさお！
> **シ**さぶりの「ちょいと茶でも」じゃ**ね**ぇかい？
> 堅い話ばかりで疲れ**ち**まったところよ！

> ちょうど、眠くなったところでした。

さて、接地とは、……
主に機器の筐体（きょうたい、フレームのこと）を電線や導電性の板金などで「基準電位点」に接続することをいいます。
基準電位点とは、この地球であり大地です。「大地」ゆえに、「アース」とか「グランド」とも呼ばれています。

大型レーザプリンタなどの大型コンピュータシステムでは、「アース」と「グランド」の用語を使い分けますが、本書のコンセプトに沿って、「グランド」が最近の主流用語ですと解説しておきます。

コンピュータ機器を例にして接地の目的は以下の通りです。

① 他の機器の誤動作を防止するために、機器から電磁波を出さない。
② 他の機器から電磁波を受けた場合、誤動作を防止する。
③ 感電を防止する。

そのため、大型のコンピュータやその周辺機器などでは、しっかりとした接地を取ることが企業としての基本姿勢となっています。それが、前述した「VCCI」と呼ぶ「自主規制協議会」の「CLASS B」というランクが基本です。

図表4-8-2は、テレビゲーム機といえども、立派なコンピュータですから、しっかりとした多点接地の設計になっていることが写真でも把握できます。

TVゲーム機に組み込まれた
接地用の板ばね
(SUS301-CSP、板厚0.2mm：推定)

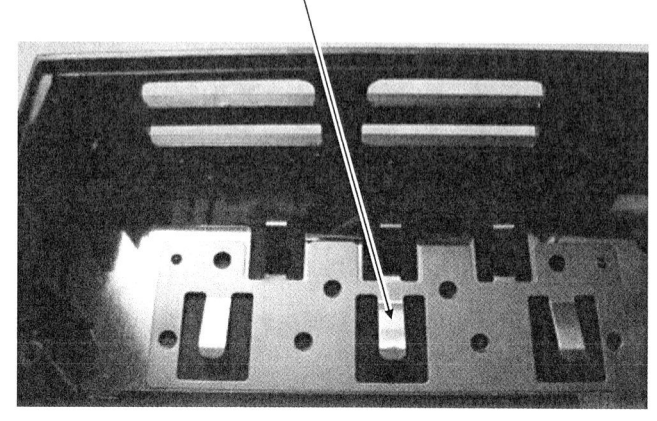

図表4-8-2　テレビゲーム機内部の接地用板ばね部品

オイ、まさお！
ゲームで遊んでばかりじゃいけ**ね**ぇってことよ。

オイ！いいかげんにしやがれ！

目利き力　厳しい電波障害規格を満たすためには、「ばね用板金」による機器の確実な「接地」が適合への鍵となる。

4-9　規格外はルール違反！材料の標準サイズを知る

項目4-1-1の「目利き力」で、「材料の命は、QCDにあることを認識せよ！」と記述しました。

ここまで説明した「比重」から「縦弾性係数」や「熱伝導率」などは、機械材料に関するどのような書籍でも、Qに関しては、難解か容易、もしくは情報の過多か不足などの差異はありますが必ず記載されています。

しかし、多くの機械材料の書籍には、QCDに関するCとDの情報が不足しています。不足している情報の一つが材料の「標準サイズ」です。

図表4-9-1の丸印には、日本国内のおける材料の「標準サイズ」を記載しておきました。参考値としての扱いをお願いします。最終的には、材料メーカーへの確認が必要です。

【目安】比重：7.9　縦弾性係数：211kN/mm²、横弾性係数：79kN/mm²　線膨張係数：11.7×10⁻⁶/℃
　　　　ポアソン比：0.30　熱伝導率：50W/(m・K)

No	記号	サイズ (mm) 【目安】	引張強さ (N/mm²) 【目安】	降伏点 (N/mm²) 【目安】	Q 特徴／用途 (切削用と板金が混在)	C コスト係数	D 入手性
[1]	SPCC	【厚さ】0.4-3.2	270	190	【特徴】冷間圧延鋼板、安価、加工性良好、表面きれい、寸法精度良い、塗装性良好、溶接性良好　【用途】複写機やプリンタの機構部品、シム、スペーサ、自動車部品、ワッシャ、時計やカメラの機構部品、冷蔵庫ドア、車のドア	0.75	良好

図表4-9-1　材料特性表における標準サイズの情報

材料に関するCとD、そして、入手する材料の標準サイズや規格サイズ情報を知らなくて、料理人になれるのでしょうか？　お客様からお金をいただく料理は、きちんと作れるのでしょうか？

そして、大工の厳さんにも聞きました。

大工には**よぉ、**
「**定尺**（ていしゃく）」ってぇ
もんがあるんだよ！
まずは、単語を覚えてくれよ。

「定尺」って何ですか？

「定尺」は、「じょうしゃく」、「ていじゃく」、「ていしゃく」という色々な呼び方をしていますが、職人の世界では、「ていしゃく」が一般的です。
　この定尺とは、「定尺寸法」のことです。
　例えば柱の場合、定尺は3m、6mで、母屋や土台の場合は4m、梁や桁では、4m、5m、6mの定尺材が一般的に使われています。

　話を元に戻しましょう。
　機械材料の場合は、ステンレス材、鋼材、アルミ材、銅材などの素材を製造する会社と、商社や問屋で定尺寸法を決めています。しかし、取り決めにより定尺長さは、バラバラなのが難点です。だからといって、何も知らない方がもっと困ります。

目利き力　機械材料には、「定尺」がある。材料の「標準サイズ」を知らなくて、設計や製造はできない。

　建築材料の「標準サイズ」を知らないと大工にはなれないとのことです。
　さらに、企業では競争に勝ち抜くために「集中購買」という活動をしています。本書のコンセプトは、材料を絞って、「設計力アップ」を狙う一方、材料の「標準化」による低コスト化をも狙っています。
　しかし、規模によらず、企業では材料の標準化を大昔から実施しているのです。たとえば、**図表4-9-2**を見てみましょう。
　これは、ある日本企業の事例です。自社で使用する材料の材質とサイズを制限し、「集中購買」や「大量納入」による材料の量産効果を期待しているのです。

株式会社ADO専用：切削用丸棒材料の入手性一覧　　　　　　　　　○印を選択推奨

No.	素材名称	呼び名	主な用途	丸棒材（φmm）の入手性							
				4	6	8	10	12	15	20	25	30
1	SUM	・快削鋼	・中強度									
2	S45C	・炭素工具鋼、熱処理用	・焼入れ後：高強度									
3	SUS416	・快削ステンレス	・耐食性		○	○	○		○	○	○	○
4	SUS303	・非磁性快削ステンレス	・耐食性									
5	A2011B	・快削アルミ	・低強度									

株式会社ADO専用：板金材利用の入手性一覧　　　　　　　　　○印を選択推奨

No.	素材名称	呼び名	主な用途	板厚（mm）別の材料入手性											
				0.3	0.5	0.8	1.0	1.2	1.5	1.6	2.0	2.3	2.5	2.6	2.9	3.2
1	SECC SECD SECE	・クロムフリー電気亜鉛めっき鋼板	・一般構造用 ・シールドボックス		○	○	○			○	○					
2	—	・シルバートップ	・摺動性/耐磨耗性		○	○	○			○						
3	SPCC	・冷間圧延鋼板	・一般構造用 ・シールドボックス		○	○	○			○				○		○
4	SUS304P	・冷間圧延ステンレス鋼板	・外観	○	○	○	○			○						
5	A5052P	・冷間圧延アルミニウム合金板	・中強度		○	○	○			○		○				

図表4-9-2　ある企業における標準材料表

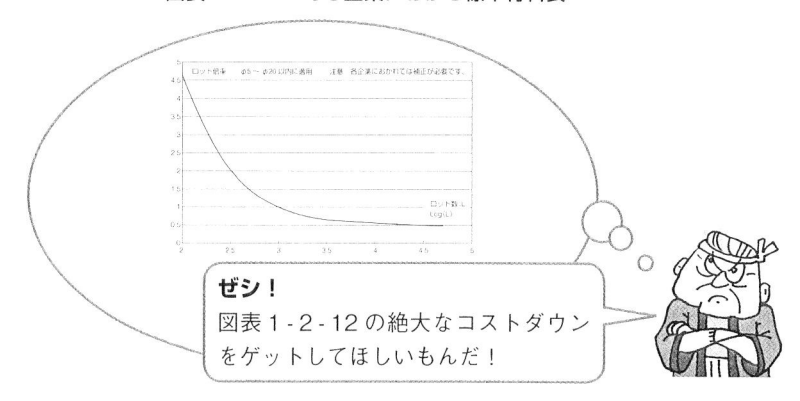

ぜシ！
図表1-2-12の絶大なコストダウンをゲットしてほしいもんだ！

第4章　設計力アップ！「目利き力」の知識たち

4-10 目利きに必要な引張り強さ

【ある企業の設計審査(デザインレビュー)にて】
　設計者：前任機では、ここの軸が破損したことがあるので、新機種では強度を上げました。
　審査員：いいんじゃない。よく調査したね。感心！感心！

筆者は困ってしまいました。再び、料理と料理人に例えましょう。

【あるホテルの料理長の忠告】
　弟子　：先日、お客様にこのデザートの味がいまいちと言われましたので、明日お出しするこのデザートは、おいしくしておきました。
　料理長：いいんじゃない。よく調査したね。感心！感心！

このような料理長が世の中に一人でもいるでしょうか？残念ながら、技術者には少なからず存在します。強度とは、その名の如く「強さの度合い」ですから、「強さ」を表現する、または、証明するものさしが必要です。そのものさしとは、「cm（センチメートル）」や「N（ニュートン）」などの単位系です。

したがって、強度を上げるとは、……

① 引張り強さ（本項で解説）：単位はN/mm^2など
② 降伏点（次項で解説）：単位はN/mm^2など
③ 疲れ強さ（次項で解説）：単位はN/mm^2など
④ 0.2%耐力（次項で解説）：単位はN/mm^2など
⑤ ばね限界値（次項で解説）：単位はN/mm^2など

これらの単位系を有する「特性値」を上げることをいいます。
　話を元に戻して、設計審査（デザインレビュー）にて、設計者も審査員も、「上記①と②によって、軸の強度を上げた」などと説明および、質問しなくてはなりません。
　料理と料理人に学びましょう。

> **目利き力**　「強度を上げる」とは、「引張り強さ」などの単位系を有する特性値を上げることを意味する。

4-10-1. 軟鋼の引張り強さ

『本書における鋼材や鋼板の場合、図表4-3-1の特性を有しています。これを、「軟鋼の応力 - ひずみ線図」といいます。』と前述しました。覚えていますか？

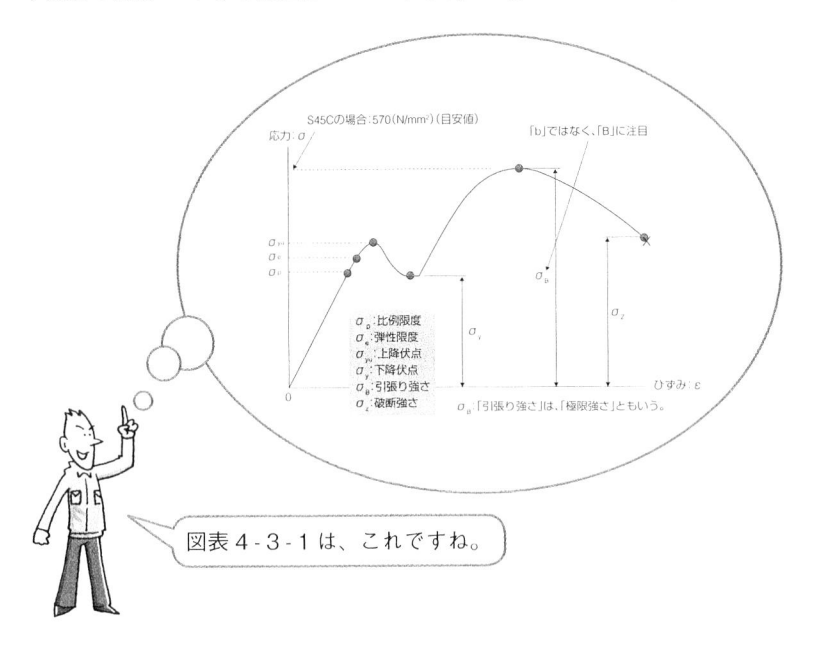

（図：応力-ひずみ線図）
- S45Cの場合:570(N/mm²)(目安値)
- 「b」ではなく、「B」に注目
- σ_p：比例限度
- σ_e：弾性限度
- σ_{yu}：上降伏点
- σ_{yl}：下降伏点
- σ_B：引張り強さ
- σ_Z：破断強さ
- σ_B「引張り強さ」は、「極限強さ」ともいう。

図表4-3-1は、これですね。

本項は、くどくど説明するよりもまずは、下記の例題を見てみましょう。

【例題】
　鋳鉄であるFCD600の 引張り強さ は、「600N/mm²」です。(図表1-8-2を参照)
　この丸棒に、39200Nの引張荷重を加えるとき、破壊に対する安全率を8とすれば、径は何mm あればよいか？

【解答】荷重の種類を静荷重とする。破壊に対する安全率 $f = 8$
許容応力 $\sigma_a = \sigma_s/f = 600/8 = 75\text{N/mm}^2$

W：39200 N
A：丸棒の断面積とする。

$\sigma_a = W/A$
断面積 $A = W/\sigma_a = 39200/75 = 522.7 \text{ mm}^2$
直径 $D = (A/\pi \times 4)^{1/2}$
　　　$= (522.7 \times 4/\pi)^{1/2} = 25.8$ mm 以上

第4章 設計力アップ！「目利き力」の知識たち

本項における「引張り強さ」は、図表4-3-1の図表では、記号「σ_B」で表示されています。

前述の例題に、「破壊に対する安全率」という言葉がありますが、この場合、下記に示す**式4-10**の分子には「引張り強さ」、別名で「極限強さ」を持ってきます。

この別名からは、「これ以上の応力を印加したら、もう、破壊するぞ！」、「これが極限の強さだぞ！」と材料が主張していると推定できます。

$$破壊に対する安全率 = （引張り強さ） / （許容応力） \quad \textbf{（式4-10）}$$

4-10-2. 軟鋼以外の引張り強さ

本書における鋼材や鋼板以外の場合は、**図表4-10-1**の特性を有しています。なんとも特徴のないカーブです。「引張り強さ」は、図中の「σ_B」となります。

C2600の場合：275(N/mm²)以上

σ_p：比例限度
σ_e：弾性限度
σ_B：引張り強さ
σ_Z：破断強さ

σ_B：「引張強さ」は、「極限強さ」ともいう。

応力：σ
ひずみ：ε

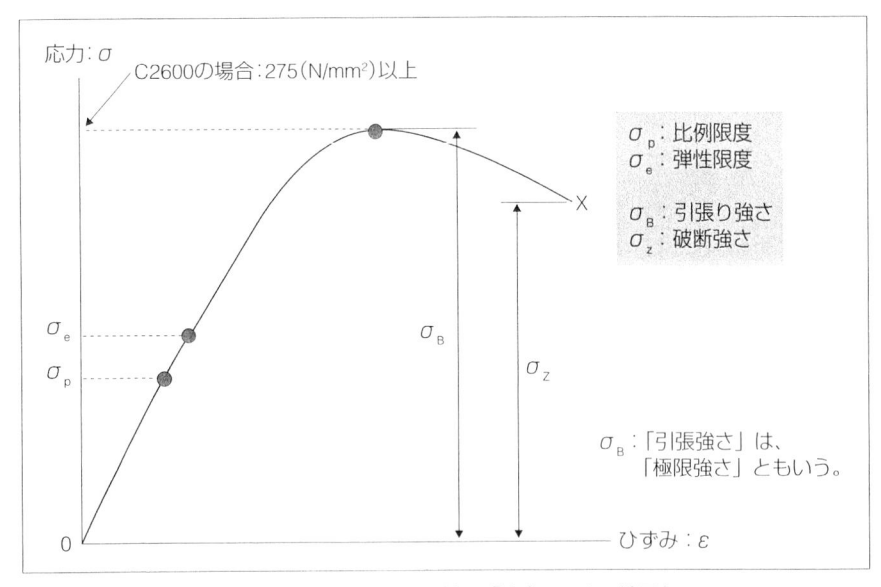

図表4-10-1　軟鋼以外の「応力-ひずみ線図」

> **目利き力**　軟鋼以外の材料は、図表4-10-1に示す特徴のない「応力-ひずみ線図」を描く。

4-11 降伏点/疲れ強さ/0.2％耐力/ばね限界値

　前項では、漠然とした「強度を上げる」に関して、「引張り強さ」などの単位系を持った特性値を上げることを解説しました。
　本項では、「引張り強さ」以外の、「降伏点」、「疲れ強さ」、「0.2％耐力」、「ばね限界値」の各種「目利き力」を解説します。

4-11-1. 降伏点

　図表4-11-1は、図表4-3-1の部分拡大図です。
　そこには、「上降伏点（かみこうふくてん）：σ_{yu}」と「下降伏点（しもこうふくてん）：σ_y」があり、「降伏点」といえば、前者の「上降伏点：σ_{yu}」を意味します。以降、上降伏点を「降伏点」と称します。降伏点をすぎると、材料は急に伸び、変形します。

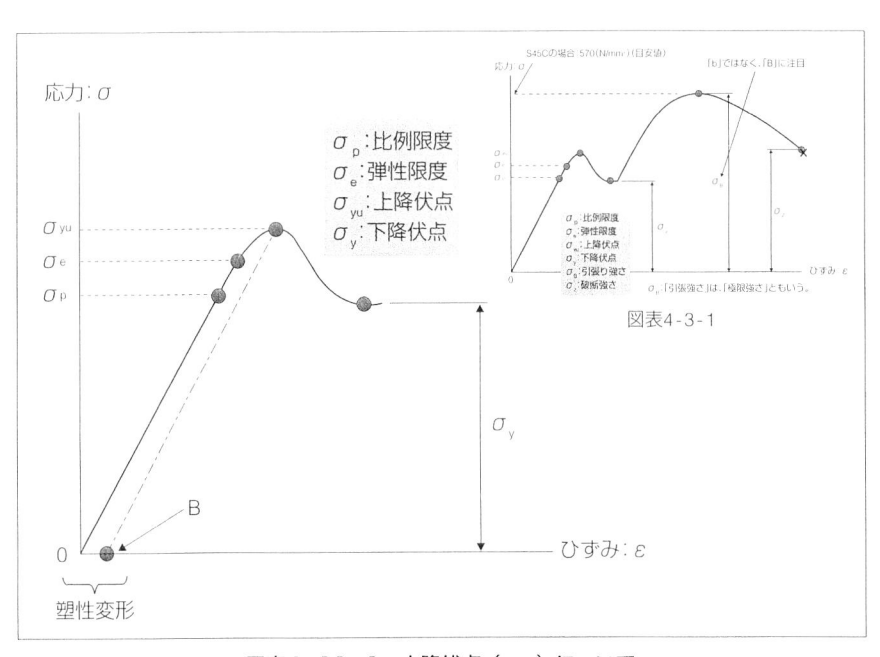

図表4-11-1　上降伏点（σ_{yu}）について

> **目利き力**　降伏点とは、「上降伏点」を意味する。

それでは、「σ_*」の呼び名をグラフ上の●点位置として解説していきます。

軟鋼に応力（σ）を印加するとひずみ（ε）を発生しますが、図中の「比例限度（σ_p）」の位置でその応力を解放すれば、直線に沿って原点（0）に戻ります。「直線に沿って」とは、図中における「0－σ_p」間の直線上のことです。

次に「弾性限度（σ_e）」ですが、図中の「σ_p－σ_e」間の線は、直線ではありません。前述の「比例限度」同様に、その応力を解放すると、$\sigma_e \Rightarrow \sigma_p \Rightarrow 0$の線上をトレースして原点（0）に戻ります。この線上間を「弾性域」と呼びます。

そしてやっと、「降伏点（σ_{yu}）」の説明に入ります。

前述の「弾性限度（σ_e）」を超えてさらに応力を印加していくと、解放しても原点（0）には戻らない「塑性変形」の領域、つまり、「塑性域」に入ります。この位置を「降伏点」と呼びます。降伏点で応力を解放すると、「$\sigma_{yu} \Rightarrow B$」の一点鎖線上をトレースしてB点へ戻ります。線分「0－B」のひずみを「塑性変形」といいます。

本書における「降伏点」は、

① 切削用合金鋼（ステンレス材など）
② 切削用鋼材
③ 鋳鉄
④ クロムモリブデン鋼
｝第1章：切削用材料

⑤ ステンレス板金
⑥ 鋼板
⑦ 厚板鋼板
｝第2章：板金材料

に掲載しています。この特性値が、「目利き力」となります。

注：降状点が明確でない材料は、0.2％耐力と呼ぶ場合があります。

「引張り強さ」と「降伏点」の使い分けは、「安全率」で明確にします。それに関しては、後述します。

目利き力 鋼材および、鋼板系とステンレス系の「強さ」とは、「引張り強さ」と「降伏点」であり、これが「目利き力」となる。

4-11-2. 疲れ強さ

 前項目では、「降伏点」に関して詳しく解説してきました。その「降伏点」に相当する「目利き力」が、「疲れ強さ」です。または、「疲れ限度」ともいいます。
 本書における「疲れ強さ」は、

---
① 切削用材料のアルミ合金
② 鋳造用アルミ合金 　 ｝第1章：切削用材料

③ 板金材料のアルミ板金 ｝第2章：板金材料

のみに掲載しています。この特性値が、アルミ材に関する「目利き力」となります。

 材料に繰り返し応力がかかると、低い応力でも破壊が生じる現象を「疲れ」と呼びます。「金属疲労」と言えば、航空機事故の原因として、聞いたことがある単語かと思います。
 そして、この破壊が生じない限度の応力値を「疲れ強さ」、もしくは、「疲れ限度」といいます。

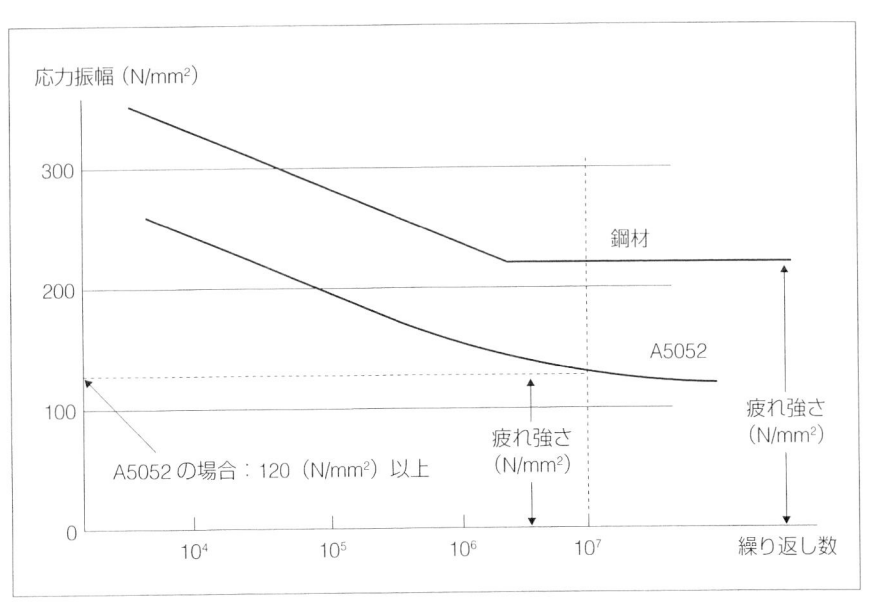

図表4-11-2　S－N曲線（疲れ強さについて）

図表4-11-2は、通常、「S-N曲線」と呼びます。Sは、応力（Stress）、Nは回数（Number of Time）を表しています。

例えばS45Cなどの鋼材は、10^4〜10^5回あたりまでは、疲れ強さの値が低下してきますが、10^6〜10^7回でこれ以上の回数を増やしても「破断」まで至らず、安定したフラットなグラフを描いています。

しかし、アルミ材は、「疲れ強さ」に弱点を持っていて、どこまでいってもフラットなグラフにならず、下降を続けます。

つまり、どんどん、弱くなっていくのです。

そこで、「10^7回まで」と制限を決め、それを「10^7時間強度」と呼びます。図中のA5052の疲れ強さは、「10^7時間強度で120N/mm^2」と表現します。
ただし、企業では「10^7時間強度」は、わかっていることなので、「A5052の疲れ強さは120N/mm^2」と表現します。

> **目利き力**　「疲れ強さ」は、降伏点の代替えで、アルミ材の「目利き力」として使う。

4-11-3. 0.2％耐力

図表4-3-1は、軟鋼の「応力－ひずみ線図」でしたが、この異様なグラフは、実は軟鋼だけです。その他のステンレス材、アルミ材、銅材、樹脂などのほとんどが、特徴のない図表4-11-3に示す「応力－ひずみ線図」の形となります。

そして、前項の「降伏点」に相当する「目利き力」が、「0.2％耐力」です。略して、「耐力」ともいいます。
ただし、本書における「耐力」は、

①	切削用銅合金	（第1章：切削用材料）
②	銅板金	（第2章：板金材料）
③	樹脂材料	（第3章：樹脂材料）

に掲載しています。

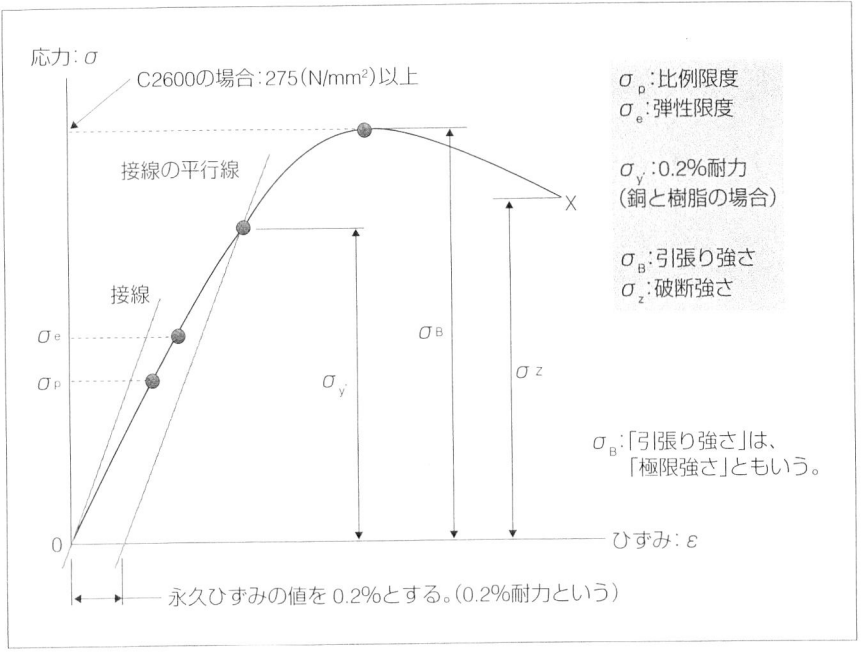

図表4-11-3　軟鋼以外の「応力-ひずみ線図」と0.2％耐力

　図中の「σ_B」は、軟鋼同様に「引張り強さ」を表しています。「引張り強さ」は、「極限強さ」ともいいます。また、σ_pとσ_eは、軟鋼同様に、「比例限度」と「弾性限度」を示しています。ただし、この二つの見極めは非常に困難です。

　比例限度が存在しない場合が多く、その場合、原点からσ_eまでは曲線となります。

　ここで、原点（O）から直線で結ばれる比例限度（σ_p）がある場合でも、原点（O）から曲線で結ばれる弾性限度（σ_e）がある場合でも、原点で接線を引きます。前者の場合は、接線＝直線となります。

　原点から右へ「0.2％ひずみ」のX軸から前述の接線と平行線を引き、グラフと交差したところを「0.2％耐力」と呼びます。

> **目利き力**　「0.2％耐力」は、降伏点の代替えで、銅合金や樹脂材料の「目利き力」として使う。

第4章　設計力アップ！「目利き力」の知識たち

4-11-4. ばね限界値

降伏点の代替えとして、「疲れ強さ」と「0.2％耐力」を解説してきました。その最後が、「ばね限界値」です。

前述の「降伏点」に相当する「目利き力」が、「ばね限界値」であり、前項目の「0.2％耐力」に似ています。

本書における「ばね限界値」は、

① ばね用板金 （第2章：板金材料）

に掲載しています。

「ばね限界値」とは、前項に掲載した図表4-11-3の「0.2％」を、「0.03％」に変えれば「ばね限界値」となります。

また、板ばねは、「ばね限界値」以上の応力で使用すると、へたりや変形が発生しますので、「使用目的の明確化」が必要です。まさに、「目利き力」です。

> **目利き力** 板ばねは、「ばね限界値」以上で使用するとへたりや変形を起こす。

4-11-5. 安全率の落とし穴

安全率とは、図表4-11-4に示すように、使用条件の不確実さや、材料の予期しない欠陥や、製造品質のバラツキや、単純な形状にモデル化した応力計算値と実際との相違に関して諸要因のバラツキを補うものです。

いずれも、許容できる最大の値を超えないことを目的として、寸法や形状を工夫して決定する必要があるために設けられた設計上の指標です。

```
                ┌ 使用条件の不確実さ
                │
安全率の        ├ 材料の予期しない欠陥
  設定    ┤                          ├ 諸要因のバラツキを補う
                ├ 製造品質のバラツキ
                │
                └ 計算値と実際との相違
```

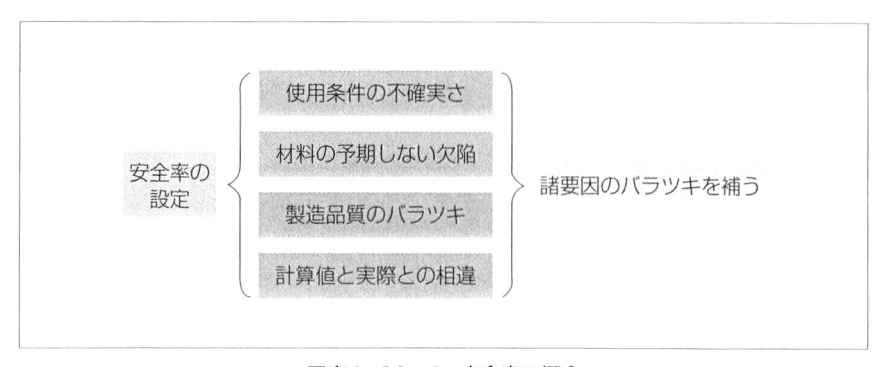

図表4-11-4　安全率の概念

さて項目4-10-1の例題では、「引張り強さ」を理解するために、破壊に対する「安全率」を使って丸棒の直径を求めました。

この場合、下記に示す式4-10の分子には「引張り強さ」、別名で「極限強さ」を持ってきます。この別名からは、「これ以上の応力を印加したら、もう、破壊するぞ！」、「これが極限の強さだぞ！」と主張していると暗記しましょう。

> 破壊に対する安全率＝（引張り強さ）／（許容応力）　（式4-10）

しかし、ある商品の使用目的が、「破断しなければ良い」という場合は前述の解となりますが、「変形しては困る」という場合も多々あります。

この場合、下記に示す**式4-11**の分子には「降伏点」を持ってきます。この名からは、「これ以上の応力を印加したら、もう、変形へと降伏するぞ！」、「これが変形しない最高値だぞ！」と主張していると暗記しましょう。

> 変形に対する安全率＝（降伏点）／（許容応力）　（式4-11）

ここで、恐ろしいことに気がつきましたか？

安全率とは、「率」ゆえにどうにでもなってしまうのです。安全率を議論するときは必ず、分母、分子を質問する必要があります。デザインレビューにおける定番の質問事項です

「安全率……試作する前に設計者としての設計検証が必要ですね！」

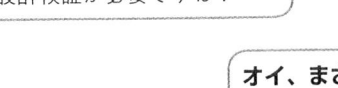

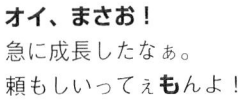

「オイ、まさお！急に成長したなぁ。頼もしいってぇ**もん**よ！」

目利き力　安全率は、「率」ゆえに、分母と分子は必ず確認しよう！そして、デザインレビューにおける定番の質問事項にしよう！

ちょいと茶でも……

電気屋の安全率：ディレーティングとは

担当別に細分化された大企業の技術者とは異なり、中小企業や零細企業では、機械系出身の設計者でも安全率同様に電気系のディレーティングも重視しています。

電子部品に対する主要なストレスは、温度、電圧、電流、および電力であり、図表4-11-4に示した機械系の「安全率」の概念に相当するのがディレーティングです。

つまり、ディレーティングとは、安全余裕を与えて偶発的な過大ストレスによる故障の可能性を低減するためであり、信頼性の向上に寄与する指標です。そして、設計審査では必ず質問される重要な設計課題です。

あえて「安全率」を使った式で表現するならば、

$$\text{ディレーティング（％）} = (1/\text{安全率}) \times 100$$

となり、単位は「％」で表現されます。

電解コンデンサやスイッチングレギュレータや各種ICなど、特に電力を消費する電子部品は、使用環境が厳しくなると信頼度が低下し、使用環境が緩くなると信頼度が向上します。

また、ディレーティングには、設計の限界に関するディレーティングと、製造不良に関するディレーティングの二つの観点があり、これらの表現も安全率の概念とよく似ています。

そのディレーティングの設定値に関してですが、例えば、最大定格あるいは、最大出力よりも低めに設定することがコツです。この最大定格や最大出力が機械系でいう材料の最大応力などに相当します。

ディレーティングの設定値は、これも安全率同様に企業ノウハウであり、なかなかオープンにはなりませんが、だいたい「60％以下」というのが一般的です。

4-12 模範となる特徴/用途の例

図表4-12-1に示す「Q」欄には、各種材料の「特徴/用途」を設けました。ただし、切削用材料の情報と板金の情報が混在していることを承知ください。

特に「用途」情報は、実績ある事例を記載していますので、「使用目的の明確化」を怠って人身事故や火災事故などを招かないようにしてください。

図中にはSS400の用途として、「エレベータの箱」と記載がありますが、第2章の項目2-3-4の「エレベータ材料事件」を復習してください。

【目安】比重：7.9 縦弾性係数：200kN/mm²、横弾性係数：81kN/mm² 線膨張係数：12×10⁻⁶/℃
ポアソン比：0.30 熱伝導率：45W/(m・K)

No	記号	サイズ(mm)【目安】	引張強さ(N/mm²)【目安】	降伏点(N/mm²)【目安】	特徴/用途（切削用と板金が混在）	コスト係数	入手性
[15]	SS400	【厚さ】1.2-50	450	235	【特徴】SS材と呼ばれる中での代表格、熱処理せず生材で使用、加工性良好、溶接性良好、曲げ加工可能 【用途】エレベータの箱、ガードレール、橋梁、バス、トラックなどの大型車両、鉄道車両、容器、橋梁、屋根材、機構部	0.82	良好

図表4-12-1　材料特性表の特徴と用途

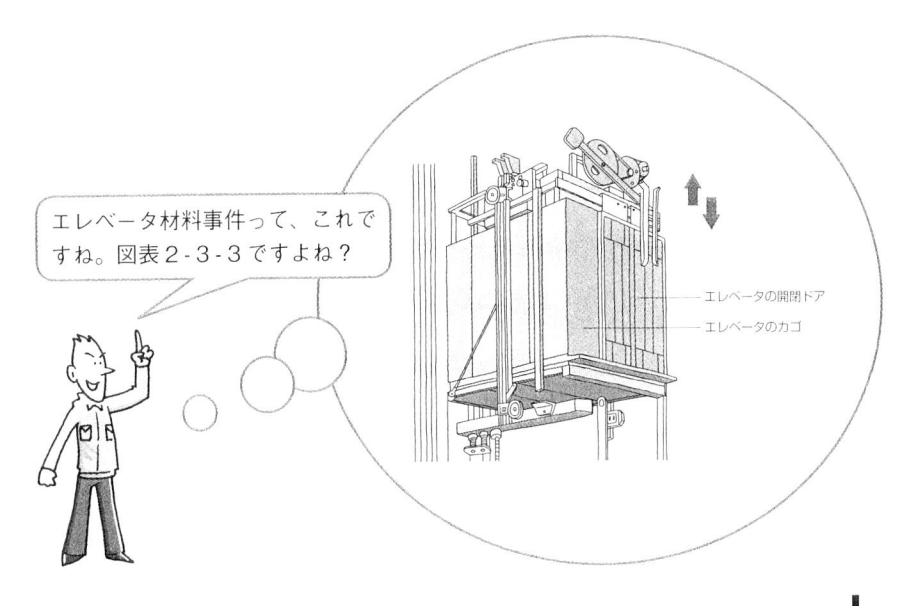

エレベータ材料事件って、これですね。図表2-3-3ですよね？

エレベータの開閉ドア
エレベータのカゴ

第4章 設計力アップ！「目利き力」の知識たち

> 材料は、「使用目的の明確化」を設定し、実績のある適材適所の採用を基本にする。新規用途は要注意！

4-13 材料費を算出できなければ職人にはなれない

　隣国の国々が工業国として急進しています。今や、最高の材料を使って、最高の設計を施すことは、世界中のどの工業国でも、どの技術者でも容易に達成できます。

　しかし、本物のプロとは、真の設計者とは、「限られた条件下で最高の設計」を提供することです。

　それには、最適な材料のQCDを判断する「目利き力」が必要です。そこで第4章は、「比重」、「縦弾性係数」から「降伏点」、「特徴／用途」までのQ（Quality：品質）に関して重点的に説明しました。

　いよいよ本項では、C（Cost：コスト）を解説します。
　前項同様、図表4-12-1の図表で説明します。図中における○印の「コスト係数」とは、以下の**式4-13**で容易に材料費を算出できます。

$$材料費（指数）＝体積（mm^3）×コスト係数×10^{-3} \quad (式4-13)$$

　材料費の単位は、「指数」となっていますが、設計見積りならば、円（¥）と理解してもかまいません。

　通常、材料の単価は「○○千円/トン」で提示されます。
　しかし、材料別にコスト比較をする場合、質量を基準とする比較は容易ではありません。たとえば、250mlの缶コーヒーの容器を検討するときに、スチール缶かアルミ缶が選択されると思います。このとき、缶を形成する「体積」で判断した方がダイレクトです。都度、体積に比重をかけて質量に換算する手間が省けます。

　したがって、本書における「コスト係数」は、体積による比較を優先しました。その結果、公式4-13に示すように簡単に比較が可能であり、簡単な計算で円（¥）で算出できます。

【例題】
　図表4-13-1に示す板金（材料：SPCC）の材料費を求めなさい。

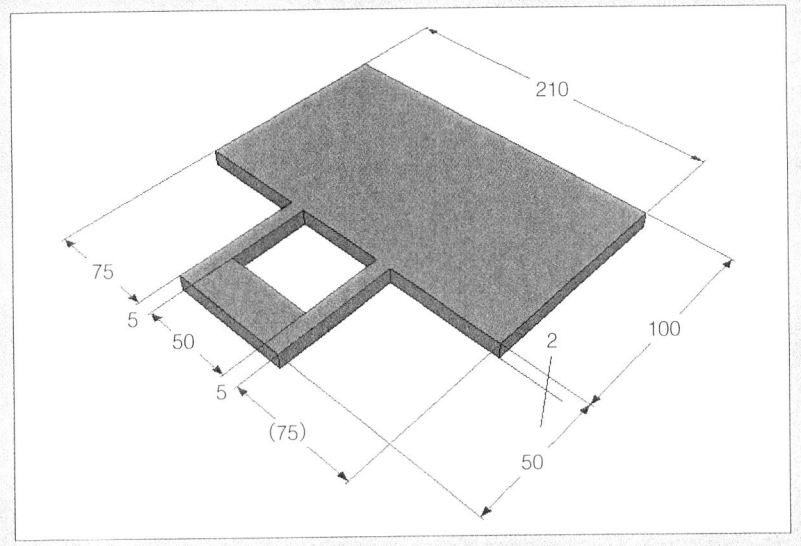

図表4-13-1　板金部品の例題

【回答】
　第2章の図表2-3-2より、SPCCのコスト係数は、「0.75」である。
　式4-13より、
　材料費 $= 210 \times (100+50) \times 2 \times 0.75 \times 10^{-3}$
　　　　 $= 47.3$（指数）（円）

次に、第2章の項目2-6-3へ戻りましょう。
　日本の金属金貨である「1円」、「5円」、「10円」、「50円」、「100円」、「500円」の材料費を算出した図表2-6-3の材料費を計算してみてください。

材料のコストが不明では、ラーメン屋や蕎麦屋も経営はできない。

4-14 入手性を知らない無責任技術者

　材料のQCDが把握できなければ、ラーメン屋や蕎麦屋や寿司屋は経営できません。技術者も同じです。
　第4章は、材料特性表の「Q」と「C」の詳しい解説が終了しました。そして最後は「D（Delivery：期日）」つまり、材料の入手性です。

　ところで、若き日の筆者は、以下に示す失敗をしてしまいました。

ちょいと茶でも……

筆者の失敗、それは、「だろう設計」

　かつて筆者は、中国でこんな失敗を体験しました。
　ある商品を中国生産するために、設計の応援で中国へ出張したのです。日本での設計ミスがあり、シャフトの材質を鋼材からステンレス材へと緊急で設計変更しました。

　しかし、当時の中国では日本製ステンレス丸棒の輸入が一週間に一度だけだったのです。中国ではステンレス丸棒の入手が非常に困難だったのです。当然、前記商品の量産試作は一週間止まり、出荷が遅延しました。

　OEM先のお客様はカンカンに怒っていました。今、反省すべきは材料の入手性を日本と全く同じと決め付けていたのです。事前調査に十分な時間があったのですが……。
　「だろう設計」をやってしまいました。

　「お客様はたぶん、こう使うだろう」とか、「この部品はたぶんここまで故障しないだろう」の「だろう設計」は設計者として恥ずべき行為です。

　筆者恒例の「料理と料理人」に例えてみましょう。
　「カツオがないから、カツオ抜きのダシをとり、お客様へ出す」……お客様は二度とこのお店に来ないでしょう。

　筆者は今でも、反省しています。

入手性に関しては、項目4-9にて詳しく解説しました。したがって、まさお君に復習してもらいましょう。

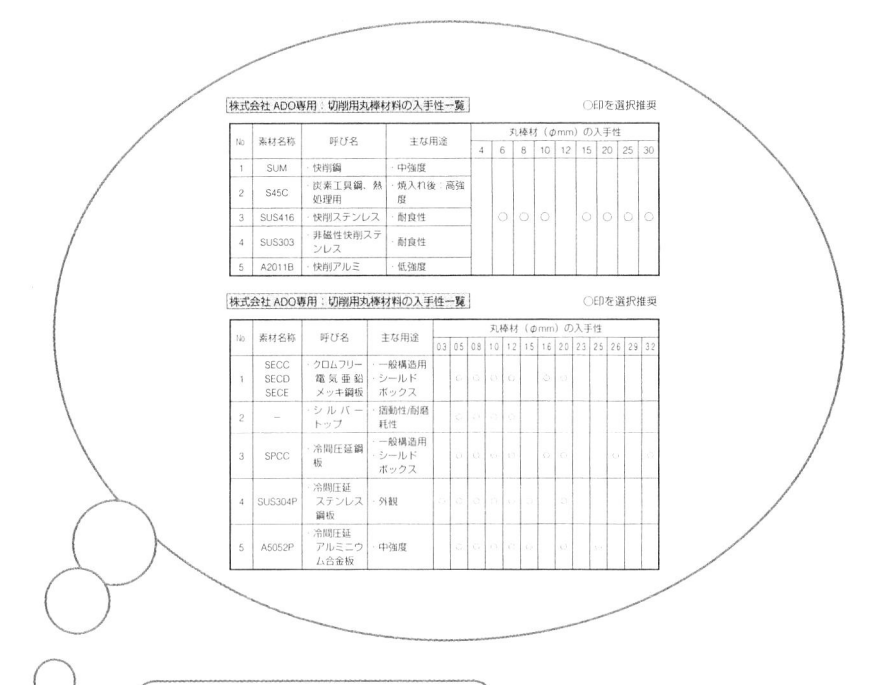

> これこれ！これですよね。
> 図表4-9-2です。材料の標準化としても学びました。

> **オイ、まさお！**
> パッとすぐに出てくるところが、**て**いしたもんだぁ。

　まさお君のいうとおり、材料の入手性と標準化は切っても切れない関係にあります。本書のコンセプトは、材料を絞って「設計力アップ」と、材料を絞って、標準化による「低コスト化」です。

目利き力　材料の入手性を知らない者は、無責任技術者である。

第4章　設計力アップ！「目利き力」の知識たち　| 225

目利き力・チェックポイント

　第4章における重要な「目利き力」を下記にまとめました。理解できたら「レ」点マークを□に記入してください。

〔項目4-1:「目利き力」とは〕
① 料理人の「目利き力」とは、限られた条件の中で、最高の食材を仕入れるための知識とその力量。　□

② 技術者の「目利き力」とは、限られた条件の中で、最高の材料を選択するための知識とその力量。　□

③ 技術者は、材料選択から勝負に出ること。　□

④ 材料の命は、QCDにあることを認識せよ！　□

⑤ 材料の相談は、材料オタクや自称専門家ではなく、必ず、材料メーカーの営業技術に問い合わせること。　□

〔項目4-3：目利きに必要な縦弾性係数〕
⑥ 鋼材や鋼板に関する「軟鋼の応力-ひずみ線図」は、技術者の常識である。　□

⑦ 垂直応力と曲げ応力は、縦弾性係数に関連する。　□

〔項目4-4：目利きに必要な横弾性係数〕
⑧ せん断応力とねじり応力は、横弾性係数に関連する。　□

〔項目4-6：CAEには欠かせない悩み多きポアソン比〕
⑨ 実用的なポアソン比の範囲は、「$0 \leq \nu \leq 0.5$」である。　□

⑩ 等方性材料は、G（横弾性係数）＝E（縦弾性係数）／$2(1+\nu)$
の式が成り立つ。（式4－6） ☐

⑪ 異方性材料は、縦弾性係数と横弾性係数とポアソン比をそれぞれ
定義する必要があり、式4－6は使用しない。 ☐

〔項目4－7：目利きに必要な熱伝導率〕
⑫ 熱伝導率は、商品の高密度化やEV車のバッテリやモータの高効率
化において、「目利き力」として問われる。 ☐

〔項目4－8：比電気抵抗とIACS（一部の板金のみ）〕
⑬ 厳しい電波障害規格を満たすためには、「ばね用板金」による機器の確
実な「接地」が適合への鍵となる。 ☐

〔項目4－9：規格外はルール違反！材料の標準サイズを知る〕
⑭ 機械材料には、「定尺」がある。材料の「標準サイズ」を知らなくて、
設計や製造はできない。 ☐

〔項目4－10：目利きに必要な引張り強さ〕
⑮ 「強度を上げる」とは、「引張り強さ」などの単位系を有する特性値
を上げることを意味する。 ☐

⑯ 軟鋼以外の材料は、図表4－10－1に示す特徴のない「応力－ひ
ずみ線図」を描く。 ☐

〔項目4－11：降伏点／疲れ強さ／0.2％耐力／ばね限界値〕
⑰ 降伏点とは、「上降伏点」を意味する。 ☐

⑱ 鋼材および、鋼板系とステンレス系の「強さ」とは、「引張り強さ」
と「降伏点」であり、これが「目利き力」となる。 ☐

⑲ 「疲れ強さ」は、降伏点の代替えで、アルミ材の「目利き力」として
使う。 ☐

⑳ 「0.2％耐力」は、降伏点の代替えで、銅合金や樹脂材料の「目利き力」として使う。　□

㉑ 板ばねは、「ばね限界値」以上で使うとへたりや変形を起こす。　□

㉒ 安全率は、「率」ゆえに、分母と分子は必ず確認しよう！
　　そして、デザインレビューにおける定番の質問事項にしよう！　□

〔項目4－12：模範となる特徴/用途の例〕
㉓ 材料は、「使用目的の明確化」を設定し、実績のある適材適所の採用を基本にする。新規用途は要注意！　□

〔項目4－13：コスト係数を知らなきゃ職人にはなれない〕
㉔ 材料のコストが不明では、ラーメン屋や蕎麦屋も経営はできない。　□

〔項目4－13：入手性を知らない無責任設計者〕
㉕ 材料の入手性を知らない者は、無責任設計者である。　□

　チェックポイントで70％以上に「レ」点マークが入りましたら、これで終了です。何度も復習をお願いします。

厳さん！
材料選択は、技術屋の基本だったのですね！

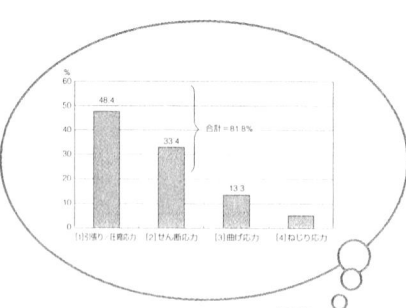

イヤー、
毎回、うれしいこと言ってくれるじゃ**ね**ぇかい。あんがとよ！
次に図表2-1-10を復習しよう**ぜぃ**！

おわりに
……「設計とは、限られた材料で最高の設計を提供すること」……

技術者には、「Q（Quality：品質）」、「C（Cost）コスト」、「D（Delivery：期日）」、「Pa（Patent：特許）」の四科目があります。このうちのQCDは、技術者であればどの部門でも重視され、「技術者の主要三科目」と呼ばれています。

ところで、機械材料に関連する従来の書籍は、お決まりの「JIS規格」の説明から始まり、お決まりの「金属組織の顕微鏡写真」や「金属組成の含有率表」など、いわゆる工業高校や大学で使った教科書の内容そのものです。
　これらの学識は必要不可欠です。しかし、技術者を「職人」と呼ぶならば、それだけでは生きていけません。

たとえば、本書の中に「電食」の解説があります。従来の書籍では、「二つの異なる金属を重ね合わせると電位が生じ、金属が錆びる。」という現象だけが記述されています。これが学識です。しかし、「職人」はこれでは生きていけません。したがって、本書では、「電食」の原因と現象、そして回避する技術手段や失敗事例までも解説しています。

一方、世の中には「材料オタク」が存在しています。
　何でも知っている「材料オタク」の共通点は、「あれもいい、これもいい」の情報を提供しますが、「これがお勧め！」はなかなか言ってはくれません。そして、極めつけは、「C（コスト）」と「D（材料の入手性）」の情報提供が皆無です。
　隣国が世界有数の工業国になった今、最高の、または、最良の材料で設計することは、どこの国でもどの技術者でも設計できます。技術者を「職人」と呼ぶならば、限られた材料の中で、最高の技術を提供するのが技術者です。

> 料理とは、限られた食材で最高の料理を提供する。これが、プロの料理人です。
> 設計とは、限られた材料で最高の設計を提供する。これが、プロの設計者です。

2011年3月

筆者：國井 良昌

【書籍サポート】
　皆様のご意見やご質問のフィードバックなど、ホームページ上でサポートする予定です。下記のURLの「ご注文とご質問のコーナー」へアクセスしてください。

URL：國井技術士設計事務所　http://a-design-office.com/

著者紹介——

國井 良昌（くにい よしまさ）

技術士（機械部門：機械設計/設計工学）
日本技術士会 機械部会
横浜国立大学 大学院工学研究院 非常勤講師
首都大学東京 大学院理工学研究科 非常勤講師
山梨大学工学部 非常勤講師
山梨県工業技術センター客員研究員
高度職業能力開発促進センター運営協議会専門部会委員

1978年、横浜国立大学 工学部 機械工学科卒業。日立および、富士ゼロックスの高速レーザプリンタの設計に従事した。1999年、國井技術士設計事務所を設立。設計コンサルタント、セミナー講師、大学非常勤講師として活動中。以下の著書が日刊工業新聞社から発行されている。

・「ついてきなぁ！加工知識と設計見積り力で『即戦力』」などの「ついてきなぁ！」シリーズ 全14冊
・ねじとばねから学ぶ！設計者のための機械要素（15冊目）

　　　URL：國井技術士設計事務所　　http://a-design-office.com/

ついてきなぁ！
材料選択の『目利き力』で設計力アップ　　　NDC 531.9

2011年3月22日　初版1刷発行
2018年10月19日　初版6刷発行

（定価はカバーに表示されております。）

　　　©著　者　　國　井　良　昌
　　　発行者　　井　水　治　博
　　　発行所　　日刊工業新聞社
　　　〒103-8548　東京都中央区日本橋小網町14-1
　　　電　話　書籍編集部　東京　03-5644-7490
　　　　　　　販売・管理部　東京　03-5644-7410
　　　　　　　FAX　　　　　　　　03-5644-7400
　　　振替口座　00190-2-186076
　　　URL http://pub.nikkan.co.jp/
　　　e-mail info@media.nikkan.co.jp

印刷・製本　デジタルパブリッシングサービス

落丁・乱丁本はお取替えいたします。　　　2011　Printed in Japan
ISBN 978-4-526-06644-3

本書の無断複写は、著作権法上での例外を除き、禁じられています。

| 日刊工業新聞社の好評図書 |

ついてきなぁ！
加工知識と設計見積り力で『即戦力』

國井　良昌　著
A5判220頁　定価（本体2200円＋税）

「自分で設計した部品のコスト見積りもできない設計者になっていませんか？」

もし、心当たりがあれば迷わず読んで下さい。本書は、機械設計における頻度の高い加工法だけにフォーカスし、図面を描く前の低コスト化設計を「即戦力」へと導く本。本書で理解する加工法とは、加工機の構造や原理ではなく、設計の現場で求められている「即戦力」、つまり、（1）使用頻度の高い加工法の「得手不得手」を知る、（2）加工限界を知る、（3）自分で設計した部品費と型代が見積れる、の3点。イラストでは大工の棟さんがポイントに突っ込んでくれる「図面って、どない描くねん！」の江戸っ子版。「現場の加工知識」と「設計見積り能力アップ」で「低コスト化設計」を身につけよう！

＜目次＞
はじめに：「10年かけて一人前では遅すぎる」
第1章　即戦力のための低コスト化設計とは
第2章　公差計算は低コスト化設計の基本
第3章　板金加工編
第4章　樹脂加工編
第5章　切削加工編
おわりに：「お客様は次工程」

ついてきなぁ！
『設計書ワザ』で勝負する技術者となれ！

國井　良昌　著
A5判228頁　定価（本体2200円＋税）

「ついてきなぁ！」シリーズ第2弾。3次元CADの急激な導入により、3次元モデラーへと変貌した設計者を、「設計書と図面」セットでアウトプットできる設計本来の姿に導くため、数多くの『設計書ワザ』を解説する本。
1．設計者のための設計書のあり方・書き方を伝授する。
2．設計書が、設計者の最重要アウトプットであることを導く。
3．設計書が、設計効率の最上位手段であることを理解させ、実践を促す。

本書で、数々の「設計書ワザ」を身につければ、設計書で勝負できる技術者になれる！

＜目次＞
はじめに：3次元モデラーよ！設計者へと戻ろう
第1章　トラブル半減、設計スピード倍増の設計書とは
第2章　企画書から設計書へのブレークダウン
第3章　設計書ワザで『勝負する』
第4章　設計思想の上級ワザで『勝負する』
第5章　机上試作ワザで『勝負する』
第6章　時代に即したDQDで『勝負する』
おわりに：「設計のプロフェッショナルを目指そう！」

日刊工業新聞社の好評図書

ついてきなぁ！
加工部品設計で3次元CADのプロになる！
－「設計サバイバル術」てんこ盛り

國井 良昌 著
A5判224頁 定価（本体2200円＋税）

　板金部品、樹脂部品、切削部品の3次元CAD設計を通して、設計初心者をベテラン設計者に導く本。「設計サバイバル術」と称したノウハウポイントを「てんこ盛り」で紹介した、機械設計者すべてに役に立つ入門書。
　3次元CADの断面作成機能を駆使して、加工形状の「断面急変部」を回避することが設計サバイバルの第1歩。本書を理解して、「トラブル」や「ケガ」を最小限に止める究極のサバイバル術を身につけよう。

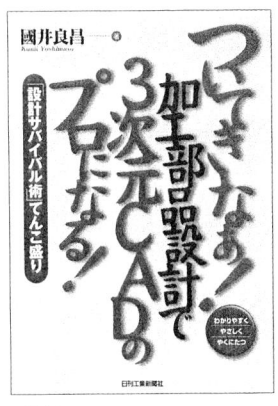

＜目次＞
第1章　究極の設計サバイバル術
第2章　板金部品における設計サバイバル術
第3章　樹脂部品における設計サバイバル術
第4章　切削部品における設計サバイバル術

ついてきなぁ！
失われた「匠のワザ」で設計トラブルを撲滅する！
－設計不良の検出方法と完全対処法

國井 良昌 著
A5判232頁 定価（本体2200円＋税）

　「ついてきなぁ！シリーズ第4弾」設計者に起因する設計変更、開発遅延、設計トラブル、製品事故、リコール。そうしたトラブルに満足に対処できないために起こる致命的な設計トラブルに対して、安易な「技術者教育」と「品質管理の強化」ではなく、「匠のワザの教育」と「トラブルの未然抽出」、「完全対策法の伝授」による、真の技術対応策を解説する。

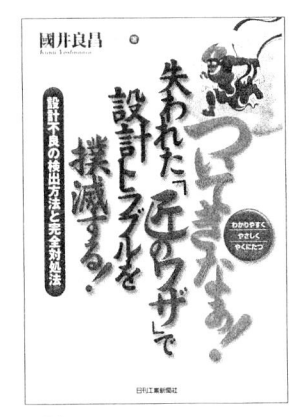

＜目次＞
第1章　匠のワザ（1）：トラブルの98％がトラブル三兄弟に潜在
第2章　匠のワザ（2）：インタラクションギャップを見逃すな
第3章　匠のワザ（3）：これで収束！トラブル完全対策法
第4章　匠のワザ（4）：再発を認識したレベルダウン法
第5章　匠のワザ（5）：現象ではなく原因に打つ根本対策法

日刊工業新聞社の好評図書

ついてきなぁ！
設計トラブル潰しに『匠の道具』を使え！
－FMEAとFTAとデザインレビューの賢い使い方

國井 良昌 著
A5判228頁　定価（本体2200円＋税）

　「ついてきなぁ！シリーズ第5弾」。「設計トラブル対策」の実践をテーマに、設計の不具合や故障、製品トラブルに対処するため、従来とは違う、FMEA、FTA、デザインレビュー（設計審査）などの「賢い使い方や対処法」＝「匠の道具」を解説する。＜最重要ノウハウ＞「MDR（ミニデザインレビュー）マニュアル」付き！

＜目次＞
第1章　匠の教訓：社告・リコールはいつもあの企業
第2章　匠のワザ：「匠の道具」を使いこなすために
第3章　匠の道具（1）：やるならこうやる 3D-FMEA
第4章　匠の道具（2）：やるならこうやる！FTA
第5章　匠の道具（3）：やるならこうやる デザインレビュー

めっちゃ、メカメカ！2
ばねの設計と計算の作法
－はじめてのコイルばね設計

山田 学 著
A5判218頁　定価（本体2000円＋税）

　「めっちゃ、メカメカ！」の続編として、「ばね」に焦点を当て、ばね設計を解説する本。特殊な「ばね」は割愛し、基本的なコイルばねに限定して、その設計方法を導く。実際にコイルばねを設計する際には、設計ポイントの知識をもって計算しなければいけない。本書はそのニーズに応えるわかりやすい入門書。読者に理解してもらうための、こだわりすぎなほどの著者の丁寧さが、「めっちゃ、メカメカ」の真骨頂。

第1章　ばね効果を得るための工夫ってなんやねん！
第2章　スペースや効率を考えて材料と形状を選択する
第3章　機能を考えて、コイルばねの種類を選択する
第4章　圧縮ばねを設計する前に知っておくべきこと
第5章　圧縮ばねの計算の作法（実践編）
第6章　引張りばねを設計する前に知っておくべきこと
第7章　引張りばねの計算の作法（実践編）
第8章　ねじりばねを設計する前に知っておくべきこと
第9章　ねじりばねの計算の作法（実践編）